本书由国家重点研发计划项目子课题（2022YFC3203105-02）出资出版

洪水管理与资源化利用

祝　颖　主编

中国环境出版集团・北京

图书在版编目（CIP）数据

洪水管理与资源化利用 / 祝颖主编. -- 北京 : 中国环境出版集团, 2024. 8. -- ISBN 978-7-5111-5923-6
Ⅰ. TV87; F426.9
中国国家版本馆CIP数据核字第2024A1S878号

责任编辑　侯华华
封面设计　宋　瑞

出版发行　中国环境出版集团
（100062　北京市东城区广渠门内大街 16 号）
网　　址：http://www.cesp.com.cn
电子邮箱：bjgl@cesp.com.cn
联系电话：010-67112765（编辑管理部）
发行热线：010-67125803，010-67113405（传真）
印　　刷　北京中科印刷有限公司
经　　销　各地新华书店
版　　次　2024 年 8 月第 1 版
印　　次　2024 年 8 月第 1 次印刷
开　　本　787×960　1/16
印　　张　12
字　　数　210 千字
定　　价　54.00 元

前　言

水资源是人类赖以生存的重要自然资源之一，也是国民经济发展所需的战略资源。我国幅员辽阔，人口众多，水资源总量居世界第 6 位，但人均水资源量只占世界平均水平的 1/4，水资源严重短缺，再加上水污染日益严重又进一步减少了可利用的水资源量，水危机成为我国可持续发展的制约因素。无论是居民生活、经济生产还是环境保护，都迫切需要新的水资源作为补充以满足日益增长的用水需求。洪水资源化利用是解决水资源短缺的有效途径，资源化的洪水是水资源的重要组成部分，是最具潜力的水资源。洪水资源化是指综合、系统地运用工程措施和政策、规范、经济、管理、技术、调度等非工程措施，将常规排泄入海或泛滥的洪水在安全、经济可行和社会公平的前提下部分转化、储存为可利用的内陆水。

全书共分为 7 章，重点介绍洪水的基本概念、影响因素以及洪水管理与资源化利用的途径等。第 1 章概述，主要介绍了洪水的概念以及影响因素。第 2 章洪水危害与防洪减灾，介绍了洪水表征的基本概念、防洪措施以及设计洪水流量和水位的基本方法等。第 3 章降水资料的收集与整理，介绍了降水资料的收集与整理方法以及常用暴雨公式的推求与应用等。第 4 章洪水模拟与预警，介绍了如何对洪水进行模拟与预报预警以及现代技术在洪水预报预警中的应用。第 5 章洪水资源化管理及其利用，对洪水管理的现状进行了简单介绍，对洪水资源化利用的途径和资源化利用的成本与效益分析做了较为详细的介绍。第6章洪水风险分析与管理，对洪水风险分析与管理的相关内容进行了详细讲解。第7章洪水管理与资源化利用实例，用典型案例介绍和分析了洪水管理与资源化过程，说明洪水资源化利用与管理的优势等。

全书由祝颖主编，仝全领、卫罂、罗静期、杨世忠、崔天浩等参编，杨璇负责校对。鉴于作者水平有限，时间仓促，书中疏漏和错误在所难免。恳请读者提出宝贵意见和建议，我们将不胜感激。

祝　颖

2024年1月

目录

第1章　概　述

1.1　引言

随着经济、社会的高速发展和城镇化建设的快速推进，传统水资源的供需矛盾已成为当今世界许多国家的共性问题，并制约着其经济和社会的可持续发展。开发利用污水、海水、雨水等非传统水资源，可以有效缓解一些缺水地区水资源短缺的状况，优化区域水资源利用结构、减轻常规地表与地下水资源的压力，改善水生态环境。

2011 年中央一号文件《中共中央　国务院关于加快水利改革发展的决定》和 2012 年《国务院关于实行最严格水资源管理制度的意见》（国发〔2012〕3 号）都明确提出要鼓励并积极发展污水处理回用、雨水和微咸水开发利用、海水淡化和直接利用等非常规水源开发利用。2011 年中央一号文件明确提出 2020 年基本建成防洪抗旱减灾体系，基本建成水资源合理配置和高效利用体系，基本建成水资源保护和河湖健康保障体系等目标；其亮点是立足国情水情变化，从战略和全局出发，明确新时期的水利发展战略定位，强调水是生命之源、生产之要、生态之基。2011 年中央一号文件第一次全面深刻阐述水利在现代农业建设、经济社会发展和生态环境改善中的重要地位，第一次鲜明提出水利具有很强的公益性、基础性、战略性，第一次将水利提升到关系经济安全、生态安全、国家安全的战略高度。2012 年，党的十八大报告将水利放在生态文明建设的突出位置，提出要按照人口资源环境相均衡、经济社会生态效益相统一的原则，明确全面促进资源节约，大幅降低能源、水、土地消耗强度，提高利用效率和效益，加强水源地保护和用水总量管理，推进水循环利用，建设节水型社会。在水生态文明建设方面，强调要加大自然生态系统和环境的保护力度，推进荒漠化、石漠化、水土流失综合治理，扩大森林、湖泊、湿地面积。在水利基础设施建设方面，强调要加快水利建设，增强城乡防洪抗旱排涝能力，强化水、大气、土壤等污染防治。2017 年，水利部印发《关于推进水利大数据发展的指导意见》，提出要利用“天地一体化”动态监测数据，结合社会与经济、基础地理、网络舆情等数据，重点开展集雨水情趋势预测、山洪灾害预警、旱情监测评估、险情监测预警和灾情评估等功能于一体的水旱灾害预测预警新服务。

在水利改革创新方面，强调要完善最严格的水资源管理制度，深化资源性产品价格和税费改革，建立反映市场供求和资源稀缺程度、体现生态价值和代际补偿的资源有偿使用制度和生态补偿制度，积极开展排污权、水权交易试点。这些目标的提出，都要求基层防洪管理部门的工作人员对洪水问题进行深刻的思考：针对经济社会发展对防洪排涝、资源利用等提出的新要求，明确治水新思路，特别是对防洪工作重新作出战略性的调整，即防洪工作要实现“从控制洪水向管理洪水”的战略性转变，科学控制洪水、调蓄洪水、利用洪水，提高防御洪水灾害的能力，实现区域性人与自然和谐相处，保障人民生命财产安全以及区域经济社会的可持续发展。

洪水是一种自然现象，常常造成江河沿岸的河谷、冲积平原及河口三角洲、海岸地带被淹没。洪水灾害是伴随人类的出现以及人类的经济和社会活动而产生的，因此洪水灾害不仅表现为一种自然灾害，还具有自然属性和社会属性。洪水灾害的自然属性强调洪灾的自然破坏力对人类社会造成的危害与损失；洪水灾害的社会属性则强调由于人类社会的客观原因和社会行为的失调而导致和加剧洪水灾害的形成。由于洪水灾害包含不确定性因素和风险，试图完全消除灾害或采用工程等人为措施来抵挡可能的极端事件引发的灾害是不现实的。这就需要对灾害进行风险管理，以做出高效可行的规划、设计、决策和采取各种可能的应对措施，减轻潜在的灾害可能引起的后果。风险管理的主要目的就是尽可能预防自然灾害和人为灾害。任何防洪工程及其所要保护的区域都必须承受适度风险，我们只能要求这一风险所导致的后果是可以接受的。这就需要计算预期的洪灾风险率，对洪灾后果进行量化和评估，从而对各种可能的防洪措施做出科学的决策。实践证明，洪水灾害会极大地扰乱人类的社会经济生活。只有对洪灾进行科学的风险管理，才能有效地预防和减轻洪灾损失。因此，近年来我国提出了新的治水思路，防洪策略逐步从洪水控制向洪水管理转变。

洪水管理是人类按可持续发展的原则，以协调人与洪水的关系为目的，理性规范洪水调控行为与增强人类自适应能力等一系列活动的总称。

管理洪水资源包括防洪、改善土壤肥力、灌溉、为生活和工业供水等，因此综合考虑各方面因素，进行洪水的管理与资源化利用是很有必要的。

1.2 洪水的概念及影响因素

水是地球上最重要的资源之一。水对我们的生命起着重要的作用，是生命的源泉，是人类赖以生存和发展的不可或缺的最重要的物质资源之一。人的生命一刻也离不开水，水是人生命需要最主要的物质。通常情况下，水对我们的生活和生产是有利的。但是，如果水量过大会造成灾害，如淹没房屋，造成大量人员伤亡。洪水灾害是当今世界上发生最频繁和危害最大的自然灾害之一，洪水造成的死亡人数占全部因自然灾害死亡人数的 75%，其经济损失占各类自然灾害所造成经济损失的 40%以上。随着经济发展与城市化的快速发展，洪涝灾害造成的损失呈飞速增加的趋势。

1.2.1 洪水的概念

洪水是由暴雨、急骤融冰化雪、风暴潮等自然因素引起的江、河、湖、海水量迅速增加或水位迅猛上涨的水流现象。当流域内发生暴雨或融雪产生径流时，都依其远近先后汇集于河道的出口断面处。当近处的径流到达时，河水流量开始增加，水位相应上涨，这时被称为洪水起涨。及至大部分高强度的地表径流汇集到出口断面时，河水流量增至最大值，即为洪峰流量，其相应的最高水位为洪峰水位。到暴雨停止后的一定时间，流域地表径流及存蓄在地面、表土及河网中的水流均已流出出口断面时，河水流量及水位回落至原来状态。描绘洪水从起涨至峰顶到回落的整个过程的曲线为洪水过程线，流出的总水量为洪水总量。

洪水是指江河断面发生的历时较短、流量较大、水位陡涨陡落的一种水流运动，它往往来势凶猛，具有很强的破坏力，一旦江河的堤坝出现漫溢或溃决，便会造成洪水灾害。洪水灾害是人类最可怕的自然灾害之一。由于特殊的地理位置、地形特征和气候条件，我国成为世界上洪水灾害出现频次最高的国家之一。频繁的洪水灾害对社会和人民的生命财产造成了巨大损失。

洪水灾害的形成受气候、下垫面等自然因素与人类活动因素的影响。根据发生的地区不同，洪水可分为河流洪水、湖泊洪水、潮汐洪水等；根据形成的原因不同，洪水可分为暴雨洪水、融雪洪水、冰凌洪水、山丘洪水和溃坝洪水等。

近代我国发生了几次较为严重的洪水灾害，1998 年长江发生了 1954 年以来的又一次全流域性大洪水。从 1998 年 6 月中旬起，洞庭湖、鄱阳湖连降暴雨、大暴雨使长江流量迅速增加。受上游来水和潮汛的共同影响，江苏省沿江潮位自 6 月 25 日起全线超过警戒水位。南京站高潮位于 7 月 6 日达 9.90 m。沿江苏南地区自 6 月 24 日入梅至 7 月 6 日出梅。由于沿江潮位高，内河排水受阻，形成外洪内涝的严峻局面。秦淮河东山站最高水位为 10.28 m，居历史第 3 位的滁河晓桥站最高水位达 11.29 m，超出警戒水位 1.79 m。7 月下旬至 9 月中旬，受长江上游干流连续 7 次洪峰及中游支流汇流叠加影响，大通站于 8 月 2 日达最大流量 82 300 m^3/s，仅次于 1954 年洪峰流量。

1.2.2 影响洪水的因素

洪水的产生及大小是多种因素综合作用的结果。通过实际观测证明，对洪水影响较大的因素可分为自然降雨因素和下垫面因素两大类。

1.2.2.1 自然降雨因素

自然降雨是导致洪水的主要因素，也是江河洪水的主要来源。大气降雨主要受气象条件的影响，气象条件的影响因素主要有太阳辐射、大气环流和天体运动，这些气象条件往往会产生不同的天气过程而降雨，如气旋雨、对流雨、锋面雨和台风雨等。

1.2.2.2 下垫面因素

（1）森林植被

森林通过茂密枝叶形成的林冠和林地积聚的枯枝落叶层，截留和拦蓄一部分降水；树木发达的根系增强了入渗能力，增加了地下径流，使枯季径流增加，汛期径流减少，改变了河流径流的年内分配。可见森林具有良好的蓄水能力，可以起到削减洪峰、延缓洪水起涨过程、增加基流等调节作用。据有关部门观测，森林土壤的根系空间达1 m深时，森林可贮水500～2 000 m^3/hm^2，被喻为“绿色水库”。但值得注意的是，森林的拦洪削峰作用是有条件的，其受到很多因素的影响。林冠截留量的大小与降雨强度、降雨历时、风力、树种和郁闭度等有关。林地的枯枝落叶层能截留一定的降水量，截留能力与树种及枯枝落叶层的厚度有关。

（2）水土保持工程

水土保持工程包括人工造林、种草、筑坝淤地、修筑梯田以及其他坡面治理措施，其主要作用是蓄水保土，减轻土壤侵蚀对流域环境的破坏，使水土资源得到充分、合理的开发和利用。由于水土保持工程可以使治理区下垫面提高下渗能力、增加对降雨的拦蓄量，因此，对暴雨洪水的洪峰、洪量具有一定的影响。

（3）城市化

由于城市人口、建筑物以及工商企业的高度密集，城市化地区产生了独特的气候特征，城市气候的热岛效应、城市地区雨岛效应明显。通常城市的降水量比郊区和农村的大，汛期的雷暴雨量也更多。同时，由于城市的发展，大面积的天然植被和农业耕地被住宅、街道、公共服务设施、工厂的厂房及商业占地等建筑物代替，下垫面的滞水性、渗透性等均发生明显的变化。城市地区在降雨后，雨水被截留填洼，下渗的损失量很小，加之城市道路、边沟以及下水道系统较完善，使城市集水区天然调蓄能力减弱，汇流速度明显加快，径流系数也明显增大，城市化所及地区的产、汇、流过程均发生了显著变化。

（4）湖泊数量

流域内湖泊的数量和容积也对洪水产生了重要影响。这是因为湖泊具有蓄水功能，可对暴雨洪水起到调节作用。流域内湖泊水量越多、容积越大，对洪峰的调节作用也越大，洪峰则越小，洪水过程线越有利于向“肥胖形”转化。

（5）流域面积

流域面积也被称为集水面积，习惯上指地表水的集水面积。流域面积决定了汇集降水的范围。如果流域面积大，受雨的范围广，汇流水量就多，形成的洪水就大；反之，形成的洪水就小。

下垫面因素对于改变水资源的时空分布和用途也具有明显的作用。如森林和水土保持措施可以增加入渗水量，延缓径流的出流时间，并为植物提供更多土壤水分；水库可以拦蓄汛期径流供枯水期使用，并可进行发电、灌溉、水产养殖的综合利用等。

第 2 章　洪水危害与防洪减灾

2.1　洪水的表征

2.1.1　降水

降水是水循环过程的最基本环节，降水量是水量平衡方程中的基本参数。由闭合流域多年平均水量平衡方程可知，降水是地表径流的本源，亦是地下水的主要补给来源。降水在空间分布上的不均匀与时间变化上的不稳定性又是引起洪、涝、旱灾的直接原因。因此，降水的分析与计算在洪水研究与实际工作中十分重要。

降水是从大气中降落到地面的各种固态或液态水粒子（如雨、雪、霰、雹等），其中以雨、雪为主。就我国而言，降水研究最为重要，主要关注降水的数量特征、时空分布变化，以及雨区范围和移动过程等问题。

2.1.1.1　降水要素

（1）降水（总）量

降水（总）量是指从天空降落到地面上的液态或固态（经融化后）水，未经蒸发、渗透、流失，而在水平面上积聚的深度。1 天内的降水总量为日降水量；一次降水总量为次降水量，以 mm 计。

（2）降水历时与降水时间

降水历时是指一场降水自始至终所经历的时间；降水时间对应于某一降水而言，其时间长短通常是人为划定的（如 1 h、3 h、6 h、24 h 或 1 d、3 d、7 d 等），在此时段内并不意味着连续降水。

（3）降水强度

降水强度（简称雨强）是指单位时间内的降水量，以 mm/min 或 mm/h 计。在实际工作中常根据雨强进行分级，常用分级标准如表 2-1 所示。

表 2-1 降水强度分级 单位：mm

等级	12 h 降水量	24 h 降水量	等级	12 h 降水量	24 h 降水量
小雨	0.1～4.9	0.1～9.9	暴雨	30.0～69.9	50.0～99.9
中雨	5.0～14.9	10.0～24.9	大暴雨	70.0～139.9	100.0～249.9
大雨	15.0～29.9	25.0～49.9	特大暴雨	≥140.0	≥250.0

注：12 h 或 24 h 降水量小于 0.1mm 为微量降雨（零星小雨）。

（4）降水面积

降水面积即降水所笼罩的面积，以 km^2 计。

2.1.1.2 降水特征的表示方法

为了充分反映降水的空间分布与时间变化规律，常用降水过程线、降水累积曲线、等降水量线以及降水特性综合曲线表示。

（1）降水过程线

以一定时段（时、日、月或年）为单位所表示的降水量在时间上的变化过程，可用曲线图或直线图表示。这是分析流域产流、汇流与洪水最基本的资料。降水过程线只包含降水强度和降水时间，不包含降水面积。此外，如果用较长时间为单位，由于时段内降水可能时断时续，因此降水过程线往往不能反映降水的真实过程。

（2）降水累积曲线

此曲线以时间（t）为横坐标，以自降水开始到各时刻降水量的累积值（P）为纵坐标。雨量计记录纸上的曲线，即降水累积曲线。曲线上每个时段的平均坡度是各时段内的平均降水强度（I），即

$$I = \Delta P/\Delta t \tag{2-1}$$

如果所取时段很短，即 $\Delta t \to 0$，则可得出瞬时雨强（i），即 $i = \mathrm{d}P/\mathrm{d}t$。

如果将相邻雨量站的同一次降水的累积曲线绘在一起，可用来分析降水的空间分布与时程的变化特征。

（3）等降水量线

等降水量线又称等雨量线，是指地区内降水量相等的各点的连线。等降水量线的绘制方法与地形图上的等高线做法类似。等降水量线综合反映了一定时段内降水量在空间上的分布规律。从等降水量线图上可以查得各地的降水量以及降水的面积，但无法判断降水强度的变化过程与降水历时。

（4）降水特性综合曲线

常用的降水特性综合曲线有以下 3 种。

①强度-历时曲线，其绘制方法是根据一场降水的记录，统计其不同历时内最大的平均雨强，而后以雨强为纵坐标、历时为横坐标点绘而成。同一场降水过程中雨强与历时之间成反比关系，即历时越短，雨强越高。此曲线可用下面经验公式表示：

$$i_t = \frac{S}{t^n} \tag{2-2}$$

式中：t—— 降水历时，h；

S—— 暴雨参数，又称雨力，相当于 $t=1$ h 的雨强；

n—— 暴雨衰减指数，一般为 0.5～0.7；

i_t—— 相应历时 t 的降水平均强度，mm/h。

②平均深度-面积曲线，是反映同一场降水过程中雨深与面积之间对应关系的曲线。一般情况下面积越大，平均雨深越小。曲线的绘制方法是从等雨量线中心起，分别量取不同等雨量线所包围的面积及此面积内的平均雨深，点绘而成。

③雨深-面积-历时曲线，其绘制方法是，对一场降水，分别选取不同历时的等雨量线，以雨深、面积为参数作出平均雨深-面积曲线并综合点绘于同一图上。一般情况下，当面积一定时，历时越长，平均雨深越大；当历时一定时，面积越大，平均雨深越小。

2.1.2　面降水的计算

通常，雨量站所观测的降水记录，只代表该地小范围的降水情况，称为点降水量。实际工作中常需要大面积以至全区域的降水量，即面降水量。常用的面降水量的计算方法有算术平均法、垂直平分法和等雨量线法 3 种，另有美国气象局系统采用的客观运行法。

2.1.2.1 算术平均法

此方法以所研究的区域内各雨量站同时期的降水量相加，再除以站数（n）后得出的算术平均值作为该区域的平均降水量（P），即

$$P=\frac{P_1+P_2+\cdots+P_n}{n} \tag{2-3}$$

此方法简单易行，适合于区域内地形起伏不大，雨量站网密集且分布较均匀的地区。

2.1.2.2 垂直平分法

此方法又称泰森多边形法，计算方法见表 2-2。方法原理是在图上将相邻雨量站用直线连接而成若干个三角形，而后对各连线作垂直平分线，连接这些垂线的交点，得到若干个多边形，每个多边形内各有一个雨量站，即以该多边形面积（f_i）作为该雨量站所控制的面积。区域平均降水量可按面积加权法求得：

$$P=\frac{f_1P_1+f_2P_2+\cdots+f_nP_n}{f_1+f_2+\cdots+f_n}=\frac{1}{f}\sum_{i=1}f_iP_i \tag{2-4}$$

式中：f_1，f_2，…，f_n —— 各多边形面积；

f—— 流域总面积；

P_i—— 面积 f_i 对应的降水量。

表 2-2 垂直平分法计算表

雨量/mm	多边形面积/km^2	占总面积的百分比/%	加权雨量/mm
16.5	18.1	1	0.25
37.1	310.8	19	7.1
48.4	382.3	18	8.9
68.3	310.8	19	12.9
39.1	51.8	3	1.3
75.7	238.3	15	11.4
127.0	212.4	13	16.5
114.3	196.8	12	13.7

此方法应用比较广泛，适用于雨量站分布不均匀的地区。其缺点是认为各雨量站所控制的面积在不同的降水过程中是固定不变的，这与实际降水情况不符。

2.1.2.3　等雨量线法

等雨量线的具体计算方法见表 2-3。首先绘制出等雨量线，再用求积仪或其他方法量得各相邻等雨量线间的面积（f_i），乘以两等雨量线间的平均雨深（P_i），得出该面积上的降水量，而后将各部分面积上的降水总量相加，再除以全面积即得出区域平均降水量（$\overline{P}$），即

$$\overline{P}=\frac{1}{F}\sum_{i=1}^{n}f_iP_i \tag{2-5}$$

式中：n —— 等雨量线间面积块数；

F —— 区域面积。

表 2-3　等雨量线计算表

等雨量线	包围面积/km^2	净面积/km^2	平均雨量/mm	总量/10^4 m^3
125	33.67	33.67	134.6	4 531.98
100	233.1	199.43	116.8	23 293.4
75	533.54	300.44	88.9	26 744.12
50	1 041.18	507.64	63.5	32 235.14
25	1 541.05	499.87	38.1	19 045.04
12.5	1 621.34	80.29	20.3	1 629.9
合计	5 003.88	1 621.34	462.2	107 479.58

等雨量线法考虑了降水在空间上的分布情况，理论上较充分，计算精度较高，并有利于分析流域产流过程和汇流过程。此方法适用于面积较大、地形变化显著而有足够数量雨量站的地区，其缺点是对雨量站的数量和代表性有较高的要求，在实际应用中受到一定的限制，不适用于雨量突变的地区。

2.1.2.4　客观运行法

此方法较简便，被美国气象局系统广泛采用。首先将区域（或流域）分成若

干网格，得出很多格点（交点），然后用邻近各雨量站的雨量资料确定各格点雨量，最后求出各格点雨量的算术平均值，即流域的平均降水量。

各格点雨量的推求以格点周围各雨量站到该点距离平方的倒数为权重，用各站权重系数乘以各站的同期降水量，取其总和即可。可见，雨量站到格点的距离越近，其权重越大。若距离为 d，则权重 $W=1/d^2$，若以雨量站到某格点横坐标差为 Δx，纵坐标差为 Δy，则 $d^2=\Delta x^2+\Delta y^2$，可用下式计算格点雨量：

$$P_j=\frac{\sum_{i=1}^{n} P_i W_i}{\sum_{i=1}^{n_j} W_i}=\sum_{i=1}^{n_j} W_i P_i \tag{2-6}$$

式中：P_j—— 第 j 个格点雨量；

n_j—— 参加第 j 个格点雨量计算的雨量站数量；

P_i—— 参加第 j 个格点雨量计算的各雨量站的降水量；

W_i—— 各雨量站对于第 j 个格点权重系数。

$$\overline{P}=\frac{1}{N}\sum_{j=1}^{N} P_j \tag{2-7}$$

式中：j—— 区域内的格点序号；

N—— 区域内的格点总数。

2.2 洪水的危害

在各种自然灾害中，洪水是最常见且危害最大的。洪水出现频率高，波及范围广，来势凶猛，破坏性极大。洪水危害的影响，主要表现在以下 5 个方面。

（1）洪涝灾害直接导致人员的伤亡

洪涝灾害会直接淹没或冲击建筑物致其倒塌造成人员伤亡，同时因水灾引起的饥荒或疾病也会导致灾民饿死或病死。这是洪涝灾害对人类最直接的危害，溺水是洪水致死的主要方式。但不同的受灾程度及抗灾水平产生的伤亡程度是不同的，特别是社会因素对此有非常重要的影响。1991 年，全国因洪涝灾害死亡人数达 5 113 人，倒塌房屋 497.90 万间。1998 年特大洪水，全国多数省份均沦为受灾地区，死亡人数达 4 150 人，直接经济损失 2 550.90 亿元。2016 年全国 31 省（自治区、直辖市）2 404 县（市、区）20 493 乡（镇）遭受洪涝灾害，受灾人口 10 095.41 万人，因灾死亡 686 人，失踪 207 人。2019 年，全国因洪涝共造成 4 766.6 万人次受灾，658 人死亡失踪。2020 年，全国因洪涝共有 7 861.5 万人次受灾，279 人死亡失踪。2021 年，全国 30 省（自治区、直辖市）发生不同程度洪涝灾害，共有 5 901.01 万人次受灾，590 人死亡失踪。

（2）洪涝灾害导致生态环境被改变，从而引起传染病的暴发和流行

洪涝灾害淹没了农田、村庄，破坏了人们的生活、生产秩序，改变了人们的生活环境，对传染病的传染源和传播途径产生影响，从而导致传染病的流行。

由于洪水淹没了某些传染病的疫源地，使啮齿类的动物及其他病原宿主分散、迁移和扩大，引起某些传染病的流行。钩端螺旋体病因洪水引起疫源地的扩散、多次暴发流行。出血热是受洪水影响很大的自然疫源性疾病，以鼠类为主要传染源。由于洪水淹没，啮齿类动物的种群发生了变化，野鼠栖息地的改变引起疫源地的变化，多次出现水灾后的出血热暴发流行。洪涝灾害对血吸虫的疫源地也有直接的影响。其原理是洪水冲破堤坝或引起江水倒灌导致血吸虫病传播的唯一中间宿主——钉螺的扩散。防汛抢险、堵口复堤的抗洪人员与疫水接触，常暴发急性血吸虫病。

洪涝灾害改变了生态环境，扩大了病媒昆虫滋生地，各种病媒昆虫密度增大，常致某些传染病流行。疟疾是常见的灾后疾病，经带有疟原虫的蚊虫叮咬或血液输入而传播。洪水对蚊虫繁殖有明显影响，因此洪水消退后常有疟疾发生。1991 年安徽水灾暴发疟疾达 340 万例，河南汤阴地区水灾暴发的疟疾发病率高达 25.8%。1991 年湖北因水灾导致蚊子密度增加，从而引起乙脑的流行。洪涝灾害淹没了粪池、畜厩，污染了水源和食物，并且滋生大量蚊蝇寄生虫，为肠道传染病的流行提供了条件。受灾人民饥不择食，也增加了食源性疾病的暴发概率。

（3）洪涝灾害导致人群迁移引起传染病大规模扩散

由于洪水淹没或行洪、蓄洪会导致灾民大量迁移。一方面是感染人群将病原体转移到非疫区；另一方面是易感人群进入疫区。这种人群的迁移活动潜藏着许多疾病流行因素。如流感、麻疹和疟疾都可以随着人群的迁移而大规模流行。一些易于传染的多发病（如红眼病、皮肤病等）也可因人群密集和接触而增加传播机会。

（4）洪涝灾害导致个体免疫力降低、精神压抑，增加致病因素

洪水毁坏住房，受灾人民只能临时居住于简陋的庵棚之中。灾期白天多烈日暴晒，易致中暑，夜间又有风吹、虫咬，影响睡眠，导致人体免疫力降低。且灾期多暴雨，终日浸泡于雨水之中，易着凉感冒。特别是年老体弱者、儿童和慢性病患者，会增加其发病和死亡的风险。受灾时由于食物匮乏，受灾人民营养不良，抵抗力低下，易于传染病的流行。由于受灾人群长期心情焦虑，情绪不安，精神紧张和压抑，会影响其机体的调节功能，增加非传染性病和慢性病的发病机会。高血压、冠心病及贫血等都可因此而复发甚至加重。

（5）洪涝灾害导致的经济损失

洪涝灾害造成的直接经济损失主要有房屋淹没和倒塌、汽车等交通工具损毁、公共基础设施的破坏、农田淹没及农作物受灾和绝收等。1991 年，洪涝灾害造成的直接经济损失达 779.08 亿元。2016 年，洪水灾害导致的直接经济损失达 3 643.26 亿元。2019 年，全国因洪涝导致的直接经济损失达 1 922.7 亿元，占当年国内生产总值（GDP）的 0.19%。2020 年，全国因洪涝导致的直接经济损失达 2 669.8 亿元，占当年 GDP 的 0.26%。2021 年，全国 30 省（自治区、直辖市）因洪涝灾害导致的直接经济损失达 2 458.92 亿元，占当年 GDP 的 0.22%；河南、陕西、四川、山西 4 省因洪涝直接经济损失 1 907.80 亿元，占全国的 77.6%，其中河南省灾情最严重，直接经济损失占全国的 52.9%。

除直接经济损失以外，洪涝灾害还会导致一系列间接经济损失，如洪水造成的企业产量下降、居民收入和消费水平的降低、灾后重建消耗大量的人力物力、影响农田来年的产量等。

2.3 防洪减灾体系及其特点

我国现有防洪减灾体系主要由工程体系和非工程体系两部分组成。工程体系包括河道堤防和湖泊、水库、蓄滞洪区等；非工程体系有水文、气象、通信等防洪指挥系统以及有关的法律、法规体系。

非工程措施通过对全社会的防灾管理，如水文气象测报系统、防汛通信系统及防洪法规等，主要为防洪工程运行、调度、管理、保护等方面服务，并且控制

洪水危险地区的社会和经济发展、发布灾害警报、施行救灾社会保障、推行公民防灾教育等，有效地减免灾害。非工程防洪体系主要由辅助防洪工程措施、灾害风险区管理（国外称洪泛区管理）、救灾保障体系、公民防灾教育 4 部分组成。

2.3.1 防洪工程措施

防洪工程措施是指为防御与控制洪水，以减免洪灾而修建的各种蓄、泄、挡洪的工程。防洪工程措施一般包括水土保持措施、修筑堤坝工程、河道治理工程、修建水库工程、修建分洪工程等，有时将河流中上游的植被保护、植树种草也归于这一类。

2.3.1.1 水土保持措施

水土保持措施是指对自然因素和人为活动造成水土流失所采取的预防和治理措施，是防治水土流失，保护、改良与合理利用山区、丘陵区和风沙区水土资源，维护和提高土地生产力，以利于充分发挥水土资源的经济效益和社会效益，建立良好生态环境的综合性科学技术。简单来讲，就是保持水土的各种技术措施。水土保持是一项适应自然、改造自然的战略性措施，也是合理利用水土资源的必要途径；水土保持工作不仅是人类对自然界水土流失原因和规律的概括和总结，也是人类改造自然和利用自然能力的体现。虽然目前还不能将其与洪水标准进行有效联系，但实践证明，水土保持对于防洪是有效的，能够通过合理的土地利用达到拦蓄洪水、减小河道洪峰流量的目的。

2.3.1.2 修筑堤坝工程

河道堤防是沿着河流岸边或行洪区、分蓄洪区等的边缘修筑的挡水建筑物，是世界上最早被广泛采用的一种重要防洪工程。修筑堤防的目的是控制河道水流，增强河道泄洪功能，防御洪水泛滥，保护沿岸城镇、村庄、矿山、铁路等，保障居民生命财产和工农业正常生产。河道堤防作为防洪的重要屏障，随着时代的发展，其重要性更加突出。河道堤防工程是人类与水涝灾害作斗争，发展农业生产，变水害为水利，使水为人民生活和生产服务的重要手段。堤防工程是公认的防御洪水最普遍、最有效的措施，可以提升河道过水能力，减轻河道洪水的威胁，保护河道两岸人民生命财产及工农业生产的安全。堤坝工程常与河道治理工程双管齐下，有时为了提高抗洪能力，巩固堤防的同时需要配合河道治理。

2.3.1.3 河道治理工程

河道治理是指为防洪、航运、供水、发电、排水及河岸洲滩的合理利用，按河道演变的规律，因势利导，调整、稳定河道主流位置，以改善水流、泥沙运动和河床冲淤部位的工程措施。根据河道类型的不同河道治理工程可分为山区河道治理和平原河道治理两大类。治理河道的工程措施主要有：①护岸工程，即通过丁坝、顺坝、护岸、潜坝、鱼嘴、矶头、平顺护岸等工程，以控制河道主流、稳定河势，防止堤岸和岸滩冲刷，达到安全泄洪的目的；②裁弯工程及堵汊工程，即对过分弯曲河段进行裁弯取直、堵塞汊道等，扩大河道的泄洪能力，使水流集中下泄；③疏浚工程，即利用挖泥船等工具，以及爆破、清除浅滩、暗礁等措施，以改善河流的流态，保持足够的行洪能力。

2.3.1.4 修建水库工程

水库是我国广泛采用的防洪工程措施之一，通常是指利用山谷的地理优势引水截流，形成人工蓄水的湖泊。在平原区则可利用河道、湖泊，围绕其蓄水修建水库。在防洪区上游河道的适当位置可兴建能调蓄洪水的综合利用水库，利用水库库容拦蓄洪水，削减进入下游河道的洪峰流量，达到减免洪水灾害的目的。水库对洪水的调节作用有两种：一是滞洪作用；二是蓄洪作用。滞洪就是使洪水在水库中暂时停留。当水库的溢洪道上无闸门控制，水库蓄水位与溢洪道堰顶高程平齐时，则水库只能起到暂时滞留洪水的作用。在溢洪道未设闸门情况下，在水库管理运用阶段，如果能在汛期前用水，将水库水位降到限制水位，且水库限制水位低于溢洪道堰顶高程，则限制水位至溢洪道堰顶高程之间的库容，就能起到蓄洪作用。滞留在水库中的一部分洪水可在枯水期有计划地用于兴利调度。工程实践充分证明，兴建水库是有效的河道防洪工程措施。这类措施不但能减少下游洪水灾害的发生，还可与水能利用、农田水利、航运、养殖等水利工程相结合，综合利用水资源。

2.3.1.5　修建分洪工程

分洪工程是在河流的适当地点，修建引洪道或分洪闸、分洪道等构筑物，分担下泄河道中部分洪水，将超过河道安全泄量的洪峰流量分泄到蓄滞洪区、分洪区等，通过牺牲部分次要经济地区，使重要经济地区得以保全，减轻下游主河道的洪水负担。这种措施目前在我国的大江、大河中被广泛应用。例如，东平湖分洪工程位于黄河、汾河交汇处，跨山东省东平、梁山、汶上 3 个县，可以滞（蓄）黄河、汶河的洪水，控制黄河艾山站下泄流量不超过设计下泄值，确保济南市、津浦铁路、胜利油田和黄河下游堤防安全，是黄河下游防洪体系的重要组成部分。随着人口的增长和经济的发展，分洪区内居民日益增多，使分洪的开展遇到一系列困难，可能对人民财产造成巨大损失。因此，分洪工程需要与配套的非工程措施相结合，才能使分洪工程的作用得以充分发挥。

2.3.2　防洪非工程措施

长期以来，人们过分依赖防洪工程措施来防御洪涝灾害，但随着经济社会的迅速发展，洪灾损失有增无减，防洪工程措施已不足以解决洪水灾害带来的问题。基于此，探讨防洪的非工程措施，以期通过约束人类自身的行为，改善人与洪水的关系，从而达到防洪减灾的目的。

通过法令、政策、行政管理、经济和防洪工程以外的技术等手段，以减轻洪水灾害损失的措施，统称为防洪非工程措施。根据防洪非工程措施的定义，可以将防洪减灾的非工程措施划分为 4 类，即基于洪水物理属性的非工程措施、基于洪水风险的非工程措施、基于管理科学的非工程措施、基于政策与法规的非工程措施。

2.3.2.1　基于洪水物理属性的非工程措施

洪水的形成和传播特性是洪水最重要的物理属性。利用这种物理属性，能够预见洪水的形成和发展，并在此基础上形成了洪水预报技术。洪水预报直接为国民经济建设服务，是重要的基础性工作，能帮助人类及时发出洪水灾害预警、为减少洪灾损失争取时间，也有助于更好地控制和利用洪水，是重要的防洪减灾非工程措施。我国是深受洪涝灾害威胁的国家之一，洪水预报是水文工作的重要组成部分。洪水预报作为洪水管理规划和发展战略的组成部分，使人们认识到在洪泛平原居住区采用非工程措施可能比较有效。

早在公元 15 世纪，我国黄河中下游地区已经开始利用原始的洪水预报作为防洪减灾的重要措施。当时，沿黄河自上游向下游每 15 km 设 1 个驿站，每站换一队骑手和快马，将水情不断向下游传递，由于马的速度比洪水传播速度快，所以下游居民能提前知道洪水的情况，可做好防汛准备或及时撤离。随着水库、堤防等防洪工程的兴建，为了充分发挥防洪工程的作用，现代意义的洪水预报迅速发展，并在洪水预报的支持下进行洪水调度，形成了洪水预报调度系统。洪水预报调度系统现已成为防洪工程系统运行不可或缺的支持条件。洪水预报调度是基于洪水物理属性并依托防洪工程，协调人与洪水的关系，以减轻和避免洪水灾害的重要措施，因此它是一种防洪减灾非工程措施。现代科学技术使洪水预报有了长足的进步。在防洪减灾的实际工作中，延长预见期比提高预报精度更为迫切和重要。由于流域汇流时间通常较短，所以仅依赖水文学方法获得预见期显然是不够的。延长预见期的途径是努力实现有足够精度的降水定量预报。全面提高洪水预报水平有赖于水文科学和大气科学的结合与共同发展。根据世界气象组织（WMO）的估计，洪水预报调度系统在全球防洪减灾中的贡献率一般占整个防洪效益的 10%～15%。

2.3.2.2 基于洪水风险的非工程措施

洪水风险取决于致灾因子、承灾体和防灾能力等多方面要素。洪水致灾因子中对洪水风险有影响的主要要素包括洪源，洪水淹没范围、淹没水深、淹没历时和洪水流速、流向等；反映承灾体受洪水影响的主要要素包括人口、资产分布和密度等；防灾能力是指承灾体自身抗御洪水的能力，包括承灾体的抗灾性能、应急响应能力、灾后恢复能力、防洪除涝等工程设施及其标准的完善度等。洪水风险是上述风险要素综合影响的结果。

早在 1914—1924 年，有的学者已经把概率论和数理统计的理论与方法引入水文学，用于水库、堤坝的设计，由此开始把洪水风险概念引入了防洪工程措施。把洪水风险概念应用于防洪减灾非工程措施，是基于对洪泛平原的开发和管理而兴起的。由于洪水具有随机性，人类在洪泛平原进行的开发必然是一种具有风险的开发，即在获取开发利益的同时必须承担洪灾损失的风险。人类对洪泛平原的开发是伴随着承受洪水风险进行的。人们期望在洪泛平原获取最大的开发利益而所承担的洪水风险最小，于是引入了洪水风险的概念。洪水风险的概念在防洪减灾中主要体现为风险分析和风险管理，并通过风险管理达到协调人与洪水的关系，避免和减轻洪灾损失的目的，因此是一种防洪减灾的非工程措施。

基于洪水风险的非工程措施始于 20 世纪 50 年代，其核心内容是洪水风险管理，其最重要的实践是编制洪水风险图和推行洪水保险制度。

此外，运用数学方法对洪水风险进行计算也能够为洪水风险预测提供支持与帮助。常用的洪水风险计算方法有水文学法、水力学法和实际水灾法。方法选择时应尽可能采用能够反映实际情况变化和预测分析洪水风险特征的水文学法和水力学法。若编制范围内资料条件较差，实际发生过洪水并可获得有关淹没数据，且下垫面以及工程变化不大，可采用实际水灾法编制典型洪水淹没实况图。风险要素指标一般包括最大淹没水深（h）、最大行进流速（v）、最大淹没历时（t）。资料不充分且洪水风险程度以淹没深度为主要特征的地区，可考虑只选取最大淹没水深作为风险要素指标。

（1）洪水风险图

洪水风险图是一种标明不同重现期洪水在泛滥时最大淹没范围的防洪减灾专用地图。图中有地形等高线、微地貌、行政区划、重要设施、淹没范围边界线等，详细的洪水风险图中还标识了淹没范围内各处的淹没深度、淹没历时、居民疏散通道等。通常，一个地区的洪水风险图是一本洪水风险图册，图册中包含该地区不同地段各自的洪水风险图。洪水风险图册中还应附有淹没区内的社会经济资料、以前淹没时的典型照片或情景描述、防汛指挥系统的组织机构以及编制图风险的依据和精度等。编制洪水风险图的目的：①提示居民识别自己所处地点遭受洪水淹没的风险程度，增强公众防洪意识；②为制订洪泛平原土地利用和经济社会发展规划提供洪水风险方面的依据；③提高易淹地区（高风险区）的财产和经济社会活动对洪水破坏的适应能力；④为推行洪水保险提供基本依据。

洪水风险图不但反映了洪水的淹没特性，而且展示了人们所在地点的洪水风险程度，为协调人与洪水的关系提供了依据。因此，编制洪水风险图是防洪减灾的一种非工程措施。洪水风险图最初是20世纪60年代美国推行洪水保险计划发展起来的。1978年，日本绘制了东京都的洪水风险图，这是东亚地区较早的洪水风险图。1988年，联合国亚洲及太平洋经济社会委员会在曼谷举行根据洪水风险分析及洪水风险图改进防洪系统专家会议，随后洪水风险图在亚太地区被逐渐推广。我国于1990年绘制了海河流域永定河、子牙河洪水风险图。目前，浙江省等已经绘制了全省的洪水风险图。但洪水风险图的编制与应用一直没有被纳入一些强制执行的法规，如水利和城镇建设开发等方面的法规，所以目前国内仍处在较分散的试用阶段。

（2）洪水保险

洪水保险是一种灾害保险。承保人向投保人收取保险费，一旦投保人在保险区内因洪涝灾害蒙受损失，承保人按既定契约予以经济赔偿或按契约规定的其他方面的赔偿。洪水保险制度模式大致可分为国家强制型和私人剩余财产型两大类型。前一种以美国为代表，国家以强制的方式来实施洪水保险。后一种主要体现以市场为主导的自愿保险，包括选择式和捆绑式两类。洪水保险的意义和作用主要表现在以下方面：在较大甚至全国范围内分摊洪水造成的损失，增强社会消纳洪灾损失的能力；体现了国家引导公众对洪泛平原进行合理有序开发的政策导向；能增强社会和群众的防洪减灾意识，增强全社会抗御洪水的能力，并能大幅减轻政府的财政负担；洪水保险作为一种社会学行为，能促进社会的公正、互助和友善，作为一种经济行为，有利于提高洪泛平原开发的整体经济效益和社会效益。

可见，洪水保险是以洪水风险为依据，利用经济手段引导对洪泛平原进行合理有序开发，以期协调人与洪水关系，减轻洪水灾害的一种措施，也是利用社会力量消纳洪灾损失的一种措施。因此，洪水保险是一种防洪减灾的非工程措施。要建立成功的洪水保险运作体系，往往需要以下3个条件：①完善的法律法规；②科学的保险运作制度；③政府的宏观调控。

（3）洪水风险分析

洪水风险要素的分析方法有水文学法、水力学法和实际水灾法。水文学法包括河道特征点同频率水位两侧外延法，防洪保护区破堤淹没洪水风险计算法，以及计算模型等。水力学法包括一维水力学法和二维水力学法。对于各种计算模型已有较多相关资料，在此不再赘述。实际计算洪水风险时，应先根据发生洪水的地形地貌确定适宜的方法。常用的洪水风险分析方法见表 2-4。

表 2-4 常用的洪水风险分析方法

项目	适用条件	方法
主要江河防洪区	设计洪水成果或水文实测资料丰富或降雨观测资料丰富或具有设计降雨成果、具备河道断面资料和较高精度的 DEM 数据	水文学法、水力学法
	没有实测水文资料和降雨资料、具有部分河道信息资料	河道特征点同频率水位两侧外延法
	面积较小的防洪保护区或蓄滞洪区只有洪水总量或流量过程和 DEM 数据的	水量平衡法
	资料缺乏且地形低洼存在汇流情况	水文产流法
山地洪水威胁区（溪河洪水）	上游地区具有水文站、设计洪水资料或降雨观测资料丰富，河道断面和地形数据精度较高地区	水文学法、水力学法
	没有实测水文资料和降雨资料、具有部分河道信息资料	洪峰流量-水位外延法
	资料缺乏且地形低洼存在汇流情况	水文产流法
局地洪水威胁区	所有局地洪水威胁区	径流系数法

对于可以得到“最大淹没水深”“最大行进流速”“最大淹没历时”3 个风险要素指标的区划单元，其“综合风险度（R）”按式（2-8）计算：

$$R = \sum_{i=0}^{n-1}\left(p_i - p_{i+1}\right)\left(\frac{H_i + H_{i+1}}{2}\right) \tag{2-8}$$

式中：p_i —— 某一洪水淹没频率（如 10 年一遇时，p_i 取 0.1）；

H_i —— 该计算单元对应 p_i 的当量水深（H），按式（2-9）计算。

$$H = \alpha_1\alpha_2 h \tag{2-9}$$

α_1 —— 最大行进流速修正系数；

α_2 —— 最大淹没历时修正系数；

h —— 最大淹没水深，dm。

α_1 和 α_2 的取值见表 2-5 和表 2-6。

表 2-5 最大行进流速修正系数表

最大行进流速（v）/（m/s）	$v<1.5$	$1.5\leqslant v<3$	$v\geqslant 3$
最大行进流速修正系数（α_1）	1	1.2	1.5

表 2-6 最大淹没历时修正系数表

最大淹没历时（t）/d	$t<3$	$3\leqslant t<7$	$t\geqslant 7$
最大淹没历时修正系数（α_2）	1	1.2	1.5

对于洪水风险分析计算结果只有单一的最大淹没水深风险要素情况的，直接将最大行进流速修正系数和最大淹没历时修正系数取值为 1。

对于使用产流系数法，以产流系数和不同频率下 24 h 最大降水量为风险要素指标的局地洪水威胁区，其综合风险度（R）按式（2-10）计算：

$$R=\alpha\times F\times\sum_{i=0}^{n-1}\left(p_i-p_{i+1}\right)\left(\frac{Q_i+Q_{i+1}}{2}\right) \tag{2-10}$$

式中：α—— 修正系数；

F—— 产流系数；

p_i—— 5～100 年一遇频率中某一降雨频率（如 10 年一遇时，p_i 取 0.1）；

Q_i—— 计算单元对应 p_i 的 24 h 最大降水量值，dm。

1）河道特征点同频率水位两侧外延法

该方法仅适用于水量小、山丘峡谷地区河流防洪保护区的洪水风险要素估计，精度较低，包括洪水频率分析、水面比降分析、同频率水位标定和洪水风险要素确定 4 个步骤。

①洪水频率分析。以某水文站洪水频率分析为例。通过对历史洪水资料的频率分析，得到水文频率计算结果（表 2-7）。C_v 为变差系数，也称离势系数；C_s 为偏差系数，也称偏态系数。

表 2-7 水文频率计算表

特征值	统计参数			设计频率/年				
洪水流量	均值/（m^3/s）	C_v	C_s/C_v	5	10	20	50	100
	8 320	0.40	3.5	10 650	12 730	14 810	17 300	19 220
相应水位/m				31.88	32.86	33.75	34.92	35.86

②水面比降分析。城市与水文站高度不同时，在洪水发生时两者之间有一定比降。经分析计算，确定上下游水面落差：5～10 年一遇洪水为 67 cm；20～100 年一遇洪水为 85 cm。

③同频率水位标定。根据水文站给出的各种频率的水位数据，结合上下游水位落差，绘出不同频率河道水位纵剖面线（图 2-1）；从图上内插出若干距离处相对于不同频率的水位，并分别沿河道横断面两侧外延，水位以下部分为淹没剖面（图 2-2）；把沿河若干断面上同频率水位标定在地形图上。

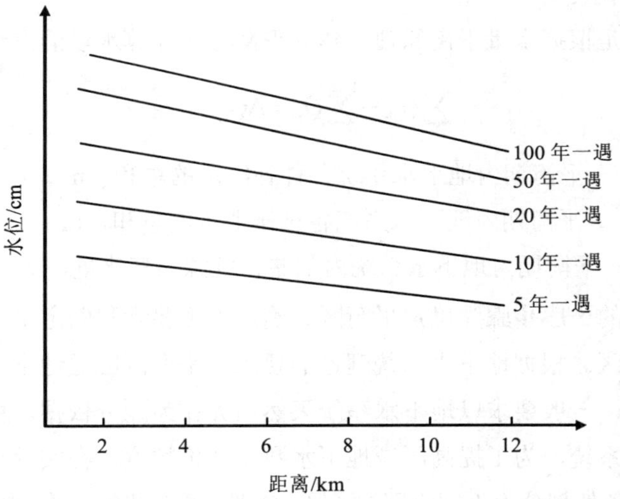

图 2-1　不同频率河道水位纵剖面图

④洪水风险要素确定。对比横断面上某频率水位与相应的地面高程，低于该水位的部分（图 2-2 中 A、B、C 点）为该断面的淹没区，将两断面同频率水位连成的截面与截面投影范围内下垫面上各点高程进行对比，凡低于截面上水位的下垫面部分，为两断面间的淹没范围。在淹没范围内，水面高程与下垫面高程之差为淹没水深。需要指出的是，在确定同频率水位时，必须考虑现状防洪系统的影响，并且要根据实际防洪能力对淹没范围做适当调整。

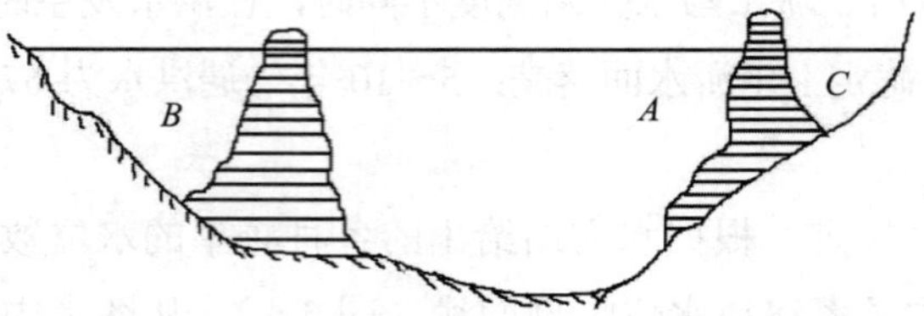

图 2-2 淹没区横断面图

2）水量平衡法

水量平衡法是根据水量平衡原理，建立平衡方程计算水量的方法，表达式为

$$\sum Q_{补} - \sum Q_{排} = \Delta Q_{储} \tag{2-11}$$

式中：$\sum Q_{补}$ —— 平衡期内地下水系统各种补给量的总和，m^3；

$\sum Q_{排}$ —— 平衡期内地下水系统各种排泄量的总和，m^3；

$\Delta Q_{储}$ —— 平衡期内地下水系统内部储存资源的变化量，m^3。

水量平衡法的一般步骤为确定平衡区、确定平衡要素和确定平衡期。

①确定平衡区。根据地下水系统理论的要求，平衡区应是地下水系统边界所界定的空间范围，一般要求以地下水系统天然边界作为划分依据。由于水量平衡法属于集中参数系统，为了提高区域地下水数量评价精度，在实际计算时可以根据不同水文地质条件划分为不同级别的子区，分别计算各平衡要素，然后进行综合。例如，根据给水度、降水入渗系数、地下水埋藏深度等条件，将平衡区划分为若干子区，分别计算各子区的储变量、降水入渗量和潜水蒸发蒸腾量，然后求和。

②确定平衡要素。确定式（2-11）中$\Sigma Q_{补}$和$\Sigma Q_{排}$的组成，即确定地下水系统三维空间区域边界上的输入量和输出量。从外界进入地下水系统的各种水量统称为补给项，系统输出的各种水量统称为排泄项。一般而言，补给项包括大气降水入渗补给量、地表水体渗漏补给量（如河流、湖泊、水库等）、地下侧向流入补给量、越流补给量、凝结水补给量、地表水灌溉入渗补给量、地下水灌溉回归补给量、渠系渗漏补给量、人工回灌补给量等。排泄项包括潜水蒸发蒸腾量、地下水侧向流出量、地下水开采量、泉水溢出量、越流排泄量、向河湖排泄量等。需要指出的是，不同的地下水系统与外部环境之间的水量交换关系不同，所以平衡要

素的组成因不同地下水系统而异。在实际工作中，需要与研究区的具体条件紧密结合，确定平衡要素的组成。

③确定平衡期。地下水平衡计算针对的某一特定时间段，称为平衡期。如前所述，在地下水的资源功能评价中，要求地下水数量评价的时间尺度为5～12年，以此为平衡期进行水量平衡计算。为保证水量平衡，各平衡要素计算和相关的资料的选取应采用统一的时间序列。

3）水文产流法

假定暴雨在流域的产流强度在时间和空间上的分布是均匀的，流域平均产流强度与一定面积的乘积即流域出口断面的流量，其最大值就是洪峰流量。

洪峰流量计算公式见式（2-12）：

$$Q_p = 0.278\psi \frac{S_p}{\tau^n} F \tag{2-12}$$

$$\tau = 0.278 \frac{L}{v} \tag{2-13}$$

式中：Q_p —— 频率为 p 的洪峰流量，m^3/s。

ψ —— 洪峰径流系数，反映了流域内降雨损失的大小，其意义是暴雨转变成洪水，需进行折减。ψ 与地形、地貌、植被、水土保持情况等下垫面因素有关，其大小通常在 0.9～0.95。下垫面条件越差，一般取值越大。

S_p —— 频率为 p 的 1 h 暴雨，也称雨力，mm/h。如果有 1 h 暴雨的长序列资料，可以通过对其进行频率分析，求得不同频率的雨力值。如果没有长序列资料，可以查阅各地区水文手册，按水文手册中提供的参数、公式进行计算得出。

τ —— 流域汇流时间，h。

L —— 流域长度，也称流程，即沿主沟道从流域出口断面至分水岭的最长距离，km。

v —— 流域平均汇流速度，需通过试算确定，一般可以取经验值 1.0～2.0 m/s，流域地形平缓时取小值，反之取大值。

n —— 暴雨递减指数，随地区不同而变化，可以从各地区水文手册中查得。

F—— 流域面积，也称集水面积，km^2。

0.278 —— 单位换算常数。

4）径流系数法

通常用于计算由一次暴雨产生的洪水径流量。根据不同频率的设计暴雨乘以分区给出的不同频率的径流系数，便计算出一次洪水径流量。

$$W = 0.1\alpha PF\eta \tag{2-14}$$

式中：α—— 年径流系数，可查各地区水文手册，一般为 0.2～0.6；

P—— 年降水量，mm；

F—— 集水面积，km^2；

η—— 塘堰蓄水系数，考虑蒸发、渗漏、弃水等，取值 0.5～0.7。

2.3.2.3 基于管理科学的非工程措施

科学管理贯穿于一切防洪减灾措施的全过程，由于我国洪涝灾害主要发生在洪泛平原，这里仅介绍洪泛平原防洪的非工程措施管理。

洪泛平原的开发是一种风险开发。长期的实践表明，虽已修建了很多水库和堤防，而洪泛平原开发所需承担的洪水风险依然在增大。通过这些事实人们认识到，造成洪泛平原洪水风险的主要原因是人口众多和在洪泛区无节制地开发建设、缺乏有效的规划管理措施。人们对洪泛平原长期无序和过度的开发行为，是人水争地矛盾在洪泛平原长期发展和扩大化的结果。

基于这样的认识，加强洪泛平原管理被认为是一种减轻洪水风险的措施。洪泛平原管理的基本思想，就是通过规范人们在洪泛平原的开发行为，协调人与洪水的关系，实现洪泛平原自然属性和社会属性的统一，达到减轻洪涝灾害，促进洪泛平原经济、社会与环境协调发展的目的。因此，洪泛平原管理是一种防洪减灾非工程措施。

洪泛平原管理的经济目标包括减轻洪灾经济损失和促进经济开发两个方面。仅强调减轻洪灾经济损失，不注重提高洪泛平原整体经济效益是不全面的。我国人口多、耕地少，更应注重洪泛平原的整体经济效益。洪泛平原管理的社会目标是通过科学管理使洪泛平原成为具有较强灾前预防能力、遇灾应变能力和灾后恢复与重建能力的社会环境。其中遇灾应变能力是指在发生严重洪灾的情况下，能保证社会机制正常运行，社会价值观和行为规范不受破坏，社会心理健康得以保持，从而实现灾时社会稳定，为灾后恢复与重建提供良好的社会环境的能力。判断洪泛平原管理的社会目标是否达到或达到何种程度依然十分困难，目前的社会学研究尚未提出有说服力的判据。但宏观而论，实现社会学目标的能力一般是随着经济发展水平的提高而逐步增强的。

洪泛平原管理的环境目标是，最大限度地减轻人类在洪泛平原无序和过度开发对生态环境产生的消极影响，并首先将其控制在可承受范围内。正是由于无序和过度的开发行为，使洪泛平原生态环境发生急剧偏离其平衡状态的变化。然而，如何识别洪水对洪泛平原生态环境的消极影响以及评价其影响程度，环境科学和灾害学均未能给出有应用价值的方法和判据。

其他国家对洪泛平原管理的思想和做法对我国的防洪战略是有借鉴意义的。1968 年，美国开始了对洪泛平原的管理：①绘制洪水风险图，确定洪水波及的范围和洪水水位；②制定并实施洪泛平原管理规定；③以政府为主导，政府在实施洪泛平原管理中起到表率作用；④强化洪泛平原所在流域的流域管理；⑤分析明确洪水风险，制订洪水应急规划。

2.3.2.4　基于政策与法规的非工程措施

防洪减灾政策与法规是政府以防洪减灾为目的而制定的有约束力的经济与社会活动行为规范。政策与法规既是管理者意志的体现，也是实现科学管理的保证。政府利用防洪减灾政策与法规鼓励符合防洪减灾要求的经济社会活动，约束和制裁不利于防洪减灾要求的经济社会行为，保证防洪减灾目标的实现。由此可见，防洪减灾政策与法规是通过约束人类自身的行为，以期协调人与洪水的关系，达到减轻洪水灾害的目的。因此，防洪减灾政策与法规是一种防洪减灾非工程措施。

防洪减灾政策与法规贯穿防洪减灾的全过程，涉及防洪减灾的所有方面，是一个完整的、与其他法律和政策完全匹配的政策法规体系，为防洪减灾提供全面的政策与法律支撑。我国制定了《中华人民共和国水法》《中华人民共和国防洪法》《中华人民共和国河道管理条例》等专门性法律，在防洪减灾中发挥了重要作用。但是，我国防洪政策法规建设仍不能满足防洪减灾的要求，在今后的防洪减灾工作中还应注意以下两个方面：①减灾涉及经济、社会和环境众多方面，涉及许多部门和地区的利益，仅依靠专门的防洪法规是不够的。因此，建议制定一部具有综合性和指导性的洪泛平原管理基本法，为协调和规范各部门、各地区，以及私人在防灾减灾、土地利用、社会发展、环境保护等方面的行为提供有约束力的基本准则。②有法不依、执法不严是贯彻执行防洪法规过程中的棘手问题。因此，建议在某些防洪减灾条款中引进民法和刑法的司法解释。这些措施将为增强防洪减灾法律条款的威慑力提供有力支持。

防洪减灾非工程措施是通过约束人类自身行为改善人与洪水关系，从而达到防洪减灾目的的一种措施。这是一种独立的防洪减灾策略思想，体现了人与自然和谐共处的自然观和社会发展观。

2.4 防洪基础设施

2.4.1 河道

河道的基本功能是行洪排涝。城市河道整治主要是通过清淤、清障、扩宽、疏浚以及裁弯取直等工程措施来扩大河道的泄洪断面、改善洪水流态、降低粗糙率、加大流速，从而达到提高城区段河流泄洪能力或降低区段河道最高洪水位、提高城市防洪标准的目的。

2.4.1.1 构建水系统安全体系

首先，建设完善防洪工程体系。河道整治要在科学论证的基础上，以系统和发展的观点，统筹兼顾、综合治理、分期实施。采取清障、开卡还河、疏浚治理、合理调配等综合措施，全面提高河流的泄洪能力和标准，并保持流态稳定，达到安全泄洪、改善水环境的目的，使河道资源得到合理开发和利用。其次，坚持工程措施与非工程措施相结合的治水理念。非工程措施也是防灾减灾体系的重要组成部分。以人与水协调共处为指导思想，变试图控制洪水为管理洪水，在通过工程措施合理安排洪水出路的同时，探索运用各种有效手段对部分雨洪进行资源化利用。最后，逐步建立水系统安全体系。水系统安全体系是可持续发展战略支撑和社会保障体系的重要组成部分，其内容包括防洪安全、供水安全和生态环境用水安全。

2.4.1.2　水生态系统保护

生态型水利工程建设是河道治理的一个重要环节。要在水利工程建设中积极推广和应用有益于生态环境和生态系统的措施与方法，保护和改善水生态系统。生态型水利工程建设可以体现在堤围及护岸工程、清淤清障工程和滩涂围垦开发等方面。

（1）堤围及护岸工程

堤围是河道治理中最重要、最普遍的水利工程措施，对保证水安全具有重要作用。在城市化河段，一般结合市政道路采用占地较少的垂直挡墙式防洪堤，但应对水下部分进行柔性化和粗化处理，水上部分结合城市规划营造亲水空间。在非城镇化河段，堤防要采用缓坡式设计，具体形式要因地制宜，护岸工程要选用抛堆或干砌方式，要用自然植物护岸措施，对已经使用或不得使用混凝土的堤岸按生态型护堤法进行覆土改造，努力构建“绿色堤防”。

（2）清淤清障工程

疏浚清淤与河障的清理是河道治理的重要工程措施，可更好地给洪水让路，防止人对水的过度侵扰。河道疏浚清淤主要通过增大过水断面，改善洪水流动的水利条件。疏浚清淤一般工程量大，水下作业强度大，应做好各种控制措施，必要时可与环保型清淤和航道维护型清淤结合。水下疏浚机械开挖会对水生生物造成伤害，应加强相关的监测工作，设计时需要考虑避免平坦单一的大断面开挖形式，施工的时间、频率和强度要控制好。对较大规模的疏浚清淤，要做好生态环境修复措施。清障是对河道堤防范围内影响河道行洪的人工构（建）筑物按一定的设计洪水标准进行清理、拆除。这类人工构（建）筑物可能是农业开垦的，也可能是地方开发用于工业或其他用途的，按有关规定必须无条件拆除。在实施过程中，要从现实出发，从易到难，从河滩地到堤坝范围，首先对外围子堤实施拆除，使其恢复过水行洪，恢复湿地生态功能和景观功能。

（3）滩涂围垦开发

河道滩涂是湿地生态系统的重要组成部分，它的存在地域和面积是一个健全的生态系统的需要，更是人类的需要。不当的滩涂围垦开发，会造成滩涂湿地功能的减弱。需要明确的是，没有进行生态评价和采取相应措施的滩涂围垦会严重影响河道的完整性及其生态功能的发挥。但人类的发展和泥沙的淤积都需要土地面积的增加，滩涂围垦开发是不可避免的，关键是要趋利避害，做好规划、技术指导和协调管理，加强湿地保护功能，严格控制规模，并以围垦开发面积不超过新成滩面积为底线。围垦造地一方面增加了土地资源；另一方面则意味着湿地的消亡。在经济效益、社会效益与生态环境效益之间要达到一个平衡，要根据湿地淤积增长的速度考虑围垦的规模。同时，对已成围土地，要先从水产养殖、农业种植和其他特色产业入手，做好合理开发利用的规划和保护，尽量发挥其湿地的生态环境功能。

（4）水生动植物保护

近年来，我国经济总量不断增加，但在发展经济的同时，水生态环境的保护工作难免存在不足之处，导致水生态系统受到严重的影响。例如，在河道建设或改造的过程中，河流生态系统会受到某种程度的破坏，出现水生动植物失衡或绝迹等。为了提高河道建设或改造的工作效率及工作质量，设计人员在设计生态水利工程时需要对整个流域进行完善的分析。生态水利工程不仅担负着河道建设的责任，还需对原来河流中的生物物种进行规划与保护，及时开展流域内稀有物种调查。在对这些生物群落进行保护的同时，也为其提供更优越的生存环境，以增加物种的培育率及生物种类。在对生态水利工程进行设计时，河流的生态平衡至关重要，设计人员需要进行详细的规划设计。

2.4.2 城市排水系统

2.4.2.1 排涝标准

城市防洪标准是指城市应具有的防洪能力，也就是城市整个防洪体系的综合抗洪能力。在一般情况下，当发生不大于洪水标准的洪水时，通过防洪体系的正确应用，能够保证城市的防洪安全。具体表现为防洪控制点的最高水位不高于设计洪水位，或者河道流量不大于该河道的安全泄量。防洪标准与城市的重要性、洪水灾害的严重性及其影响直接相关，并要与国民经济发展水平相适应。

雨水排涝标准一般以重现期来表示。雨水排涝管渠设计重现期是雨水排涝管渠设计的重要数据之一。设计重现期的大小，决定了城市和人民生命财产的安全、居民生活的方便与否和雨水排涝工程的投资。

根据《室外排水设计标准》（GB 50014—2021），雨水管渠设计重现期应根据汇水地区性质、城镇类型、地形特点和气候特征等因素确定。经技术经济比较，超大城市和特大城市的中心城区的雨水管渠设计重现期为 3～5 年，大城市的中心城区为 2～5 年，中等城市和小城市的中心城区为 2～3 年；超大城市和特大城市、大城市的中心城区的重要地区为 5～10 年，中等城市和小城市中心城区的重要地区为 3～5 年；超大城市和特大城市的中心城区地下通道和下沉式广场等为 30～50 年，大城市的中心城区地下通道和下沉式广场等为 20～30 年，中等城市和小城市的中心城区地下通道和下沉式广场等为 10～20 年；超大城市和特大城市、大城市、中等城市和小城市的非中心城区为 2～3 年。

雨水排涝管渠设计重现期越大，设计的雨水排涝管渠断面尺寸就越大，排水流畅，不易造成地面积水，安全性高，但整个雨水工程的造价也相应增大；设计重现期较小，设计的雨水排涝管渠断面尺寸较小，易造成地面积水，安全性低，但整个雨水排涝工程造价较低。

一般在雨水排涝工程中，雨水排涝管渠的重现期取 2～5 年。

2.4.2.2 排水管网工程

（1）确定合理的排水系统

城市基础设施便利、大规模的交通系统和发达的贸易，使人口相对集中，从而导致天然田野与河流的减少和消失。为此，人们必须建立人工湿地生态系统，建立新的物质和能量流动体系，以保证其平衡。修建城市排水系统是维持城市的生存和可持续发展以及保护环境的重要工程措施。工程师应根据我国不同地区的实际状况，在花费最少费用的情况下，确定合理的排水系统。雨水和合流制排水系统设计都与流域特性有关。如流量过程线、土壤类型和覆盖、气候（降雨和蒸发部分）、可接受的风险和洪水的影响等。径流过程的调节使降雨和径流之间的关系变得十分复杂，因此城市排水专家和水利专家研究的水文系统有很大的差别。污染控制是排水管网的主要任务之一。收集和输送城市污水、拒绝污染物大量排放、控制水量，以及对径流雨水进行适当处理都能有效控制污染。城市污水必须经城市污水处理厂处理达标后才能排放则更为重要。流量控制是排水管网的另一主要任务。减少排水量可以节省排水管网的投资，并可减轻对受纳水体的污染和流量冲击，而径流量控制则较难实现。雨水调节、地下水回灌、提供粗糙地表以便延缓水流速度，以及不与不透水地表直接连接等都是常用的调节径流量方法。最近美国和欧洲已经要求使用这些方法，我国正在进行这方面的研究工作。

（2）选定排水系统的体制

合流制排水系统是将生活污水、工业废水和雨水排入同一套排水管渠的排水体制，可分为直排式合流制排水系统和截流式合流制排水系统。分流制排水系统是将生活污水、工业废水和雨水分别在两个或两个以上各自独立的管渠系统内排出的排水体制。从控制和防止水体污染的角度来看分流制排水系统效果更好，但这时主干管尺寸很大，污水处理厂容量也要增加很多，建设费用也会相应地增高。采用截流式合流制排水系统时，雨天有部分混合污水通过溢流井直接排入水体，对环境影响较大。目前，国际上对这一部分污水的水质、水量控制和处理途径的研究很多。截流式合流制排水系统是国内外改造旧城区合流制排水系统常用的方式。但实践证明，采用截流式合流制排水系统的城市，随着城市建设的发展，河流的污染日益严重。分流制排水系统可以将城市污水全部送至污水处理厂进行处理，其缺点是初降雨水径流未经处理直接排入水体。近年来，国内外对雨水径流的水质调查发现，雨水径流特别是初降雨水径流对水体的污染相当严重。分流制排水系统虽然有这一缺点，但它比较灵活，更能适应社会发展的需要，又符合城市卫生的要求，所以是城市排水系统体制发展的方向。排水系统体制的选择是一项很复杂且重要的工作，应根据城镇及工业企业的规划、环境保护的要求、污水利用情况、原有排水设施、水质、水量、地形、气候和水体等条件，从全局出发，在满足环境保护要求的前提下，通过技术经济比较，综合考虑确定。由于截流式合流制排水系统对水体可能造成污染，危害环境，所以新建的排水系统一般采用分流制排水系统。

2.4.3 大坝工程和水库工程

2.4.3.1 大坝工程

防洪坝是为了防止河水泛滥危害人民的生命财产安全而建的大坝，主要材料为水泥、混凝土等。大坝属于挡水建筑物，用于拦蓄水量，抬高水位。防洪坝按建筑材料分为混凝土坝、浆砌石坝、土石坝、橡胶坝、钢坝和木坝等；按作用方式分为重力坝、拱坝等。

（1）重力坝

重力坝是用混凝土或浆砌石修筑的大体积挡水建筑物，依靠自身重量在地基上产生的摩擦力和坝与地基之间的凝聚力来抵抗坝上游侧的水推力以保持稳定。

重力坝按材料分为混凝土重力坝和浆砌石重力坝；按高度分为低坝（30 m 以下）、中坝（30～70 m）和高坝（70 m 以上）；按泄水条件分为非溢流重力坝和溢流重力坝；按结构分为实体重力坝、宽缝重力坝和空腹重力坝。

（2）拱坝

拱坝是指将上游坝面所承受的大部分水压力和泥沙压力通过拱的作用传至两岸岩壁，只有小部分或部分水压力通过悬臂梁的作用传至坝基的一种坝体。拱坝对地形、地质条件要求较高，坝址要求河谷狭窄，两岸地形雄厚、对称、基岩均匀、坚固完整，并有足够强度、不透水性和抗风化性等。拱坝按最大高度处的坝底厚度和坝高的比值分为薄拱坝、中厚拱坝和重力拱坝，按体形分为单曲拱坝和双曲拱坝。

（3）土石坝

土石坝泛指由当地土料、石料或土石混合料，经过碾压或抛填等方法堆筑成的挡水坝。坝体中以土和沙砾为主时称土坝，以石渣、卵石和爆破石料为主时称堆石坝，两类材料均占相当比例时称土石混合坝。土石坝是被广泛采用的坝型，优点是可以就地取材，节约大量的水泥、钢材、木材等建筑材料；结构简单，便于加高、扩建和管理维修；施工技术简单，工序少，便于组织机械化快速施工；能适应各种复杂的自然条件，可在较差的地质条件下建坝。土石坝也有一些缺点，如坝身不能进水，需另开溢洪道或泄洪洞，而且施工导流不如混凝土坝方便，黏性土料的填筑受气候影响较大等。土石坝按筑坝施工方法分为碾压土石坝、水力充填坝、抛填坝、定向爆破坝等；按坝体材料分为土坝、土石混合坝和堆石坝；按防渗体材料和相对位置分为均匀坝、心墙坝、斜墙坝和面板坝等。

2.4.3.2　水库工程

水库具有防洪、发电、灌溉、供水、航运、养殖、旅游等作用，具有多种作用的水库为多目标水库，又被称为综合利用水库。只具有一种作用的水库为单目标水库。我国的水库一般都属于多目标水库。根据水库对径流的调节能力可分为日调节水库、周调节水库、季调节水库（或年调节水库）、多年调节水库；根据水库与河流的相对位置及地形状况又可分为山谷型水库、丘陵型水库、平原型水库 3 类；此外，水库还有地上水库和地下水库之分。

水库等级划分是指水利工程中对水库的级别划分，根据水利部 2017 年发布的《水利水电工程等级划分及洪水标准》（SL 252—2017），水利水电工程的等别应根据其工程规模、效益及在经济社会中的重要性，按表 2-8 确定。由此，将水库按库容大小划分为大（1、2）型、中型、小（1、2）型 5 个等级。

表 2-8 水利水电工程分等指标

工程等别	工程规模	水库总库容/亿 m^3	防涝			治涝	灌溉	供水		发电
			保护人口/万人	保护农田/万亩*	保护区当量经济规模/万人	治涝面积/万亩	灌溉面积/万亩	供水对象重要性	年引水量/亿 m^3	发电装机容量/MW
Ⅰ	大（1）型	≥10	≥150	≥500	≥300	≥200	≥150	特别重要	≥10	≥1 200
Ⅱ	大（2）型	<10，≥1.0	<150，≥50	<500，≥100	<300，≥100	<200，≥60	<150，≥50	重要	<10，≥3	<1 200，≥300
Ⅲ	中型	<1.0，≥0.10	<50，≥20	<100，≥30	<100，≥40	<60，≥15	<50，≥5	比较重要	<3，≥1	<300，≥50
Ⅳ	小（1）型	<0.1，≥0.01	<20，≥5	<30，≥5	<40，≥10	<15，≥3	<5，≥0.5	一般	<1，≥0.3	<50，≥10
Ⅴ	小（2）型	<0.01，≥0.001	<5	<5	<10	<3	<0.5	一般	<0.3	<10

注：*1 亩≈666.67 m^2。
当量经济规模为城市防护区人均 GDP 指数与人口的乘积，人均 GDP 指数为城市防护区人均 GDP 与同期全国人均 GDP 的比值。

2.5 设计洪水流量和水位

2.5.1 洪水及设计洪水

2.5.1.1 设计洪水

当流域内的暴雨、冰雪速融或冰凌阻塞河槽形成冰坝而溃决，都会在短期内使大量径流汇入河槽，河中水位突涨，流量骤增，这种径流称为洪水。当洪水流量超过河槽正常的宣泄能力时，就会引发洪水灾害。流域内每发生一次洪水，在水文站测流断面上就可测得一条相应的洪水过程线。图 2-3 为一次洪水过程的示意图。图中 A 点是本次洪水的起涨点，流量从该点开始骤增至洪峰点 B，到达 B 点后流量渐减，最终回落至退水点 C，本次洪水结束，但径流仍继续。其中，一次洪水流量最大值为洪峰流量（Q_m）；涨水历时（t_1）和退水历时（t_2）之和即为一次洪水总历时（T）；一次洪水过程用曲线 ABC 表示，即为洪水过程线；图中阴影部分的面积是一次洪水的总水量，即为洪水总量（W_T）。通常将洪峰流量、洪水总量和洪水过程线称为洪水三要素。我国的洪水以暴雨形成的洪水（以下简称雨洪）为主，洪水过程常表现出峰高、量大、涨水急剧而落水较缓的特征。

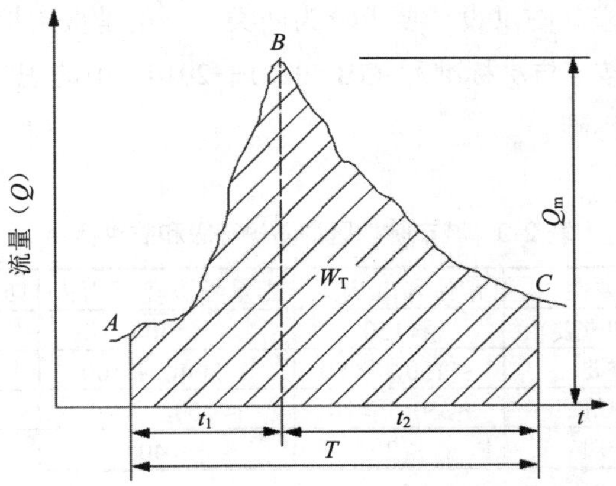

图 2-3 一次洪水过程的示意图

一方面，为防止和减少洪涝灾害而修建水利工程和城市防洪工程，如在上游兴建防洪水库，在中下游开辟蓄洪或滞洪区，开挖疏浚河道、修筑堤防等；另一方面，加强“非工程防洪措施”的落实，即强化洪泛区管理，划分洪水威胁区，调整土地利用情况，限制工业、房地产业在这个地区的发展，并建立洪水预警系统等。为此，在选定各种工程或非工程防洪措施的布设方案以及设计每项防洪功能的规模尺寸时，应以某一标准的洪水作为防御对象，使工程遇到不超过这种标准的洪水时不会被破坏。工程规划设计中所依据的一定标准的洪水，即为设计洪水。

2.5.1.2 设计洪水标准与可能最大降水

设计洪水是指为防洪等工程设计而拟定的工程在正常运用条件下符合制定防洪设计标准的洪水，广义上包括工程在非常运用条件下符合校核标准的设计洪水。合理分析计算设计洪水是解决工程规划设计中安全与经济矛盾的一项严峻任务，而标准的制定至关重要。若将设计标准定得过高，设计洪水过大，工程造价就会增加很多，但工程被洪水破坏的风险会降低，安全性会提高；若将设计标准定得过低，设计洪水过小，工程造价就会减少很多，但工程被洪水破坏的风险会上升，安全性也随之降低。因此，我国根据国情和各类工程的特点，权衡众多因素的综合作用，在不同行业的设计规范中规定了相应的设计洪水频率标准，据此进行设计可满足工程的要求。防洪设计要求分为两类。一类是按防护对象的重要性确定防洪设计标准，可按《防洪标准》（GB 50201—2014）中的规定选用。表 2-9 所示为摘列的城市防洪标准。

表 2-9 城市防护区的防护等级和防洪标准

防护等级	重要性	常住人口/万人	当量经济规模/万人	防洪标准（重现期）/年
Ⅰ	特别重要	≥150	≥300	≥200
Ⅱ	重要	＜150，≥50	＜300，≥100	200～100
Ⅲ	中等	＜50，≥20	＜100，≥40	100～50
Ⅳ	一般	＜20	＜40	50～20

另一类防洪设计标准是按确保水工建筑物安全性而定的标准，设计标准取决于建筑的等级。按照 GB 50201—2014 的规定，依据工程的级别、作用和重要性将水利水电枢纽工程的水工建筑物分为 5 级，如表 2-10 所示。水库工程水工建筑物设计所采用的防洪标准分为正常运用和非常运用两种情况。正常运用的洪水设计标准较低（出现的概率较大），称为设计标准，相应的洪水称为设计洪水，用其决定建筑工程的设计洪水和设计洪峰流量等，工程遇到设计洪水时应能保持正常运用。当河流发生比设计洪水更大的洪水时，也需要一个相应的标准，即为校核标准，相应的洪水称为校核洪水。发生校核洪水时，允许一些次要建筑物损毁或

失效，但主要建筑物不能被破坏，这种情况称为非常运用情况。所以，校核洪水大于设计洪水。

表 2-10 水库工程水工建筑物的防洪标准（重现期） 单位：年

水工建筑物级别	山区、丘陵区			平原区、海滨区	
	设计	校核		设计	校核
		混凝土坝、浆砌石坝	土坝、堆石坝		
1	1 000～500	5 000～2 000	可能最大洪水（PMF）或 10 000～5 000	300～100	2 000～1 000
2	500～100	2 000～1 000	5 000～2 000	100～50	1 000～300
3	100～50	1 000～500	2 000～1 000	50～20	300～100
4	50～30	500～200	1 000～300	20～10	100～50
5	30～20	200～100	300～200	10	50～20

当必须采用非常运用洪水标准时，用可能最大洪水（probable maximum flood，PMF）作为校核洪水。由可能最大降水（probable maximum precipitation，PMP，在我国也称为可能最大暴雨）形成的洪水称为可能最大洪水，即对可能最大降水经过产流、汇流分析与计算获得相应的可能最大洪水。可能最大降水是指在现代气候及地理条件下，设计流域或地区可能发生的最大降水，是降水的上限值，或者说是指一定历时内可能达到而又不被超过的降水。通常采用水文气象方法推算 PMP。形成可能最大降水的主要物理条件有两个：一是水汽条件，要有源源不断的水汽供应；二是动力条件，要有强烈而持续的上升运动。寻求可能最大的水汽含量和可能最大的动力作用，通常是将实测的典型暴雨或暴雨模式极大化。

2.5.2 推求设计洪水的方法

依据收集与掌握的资料情况和工程设计的具体要求，设计洪水的计算方法分为以下 4 种类型。

（1）由流量资料推求设计洪水

应用此方法推求设计洪水时，要求具有长期洪水流量（或洪水位）资料，且应进行历史洪水的调查考证，然后运用频率分析方法计算设计洪水；若此种资料系列较短，可经过插补延长的方法变为长系列后再运用频率分析法。在频率分析法中，我国目前多选取皮尔逊III型曲线。

（2）由暴雨资料推求设计洪水

当缺乏实测洪水流量资料而具有长期系列实测雨量资料时，可依据径流形成的原理，由设计暴雨推求设计净雨，再由设计净雨推求设计洪水。有关小流域、大中型流域由暴雨资料推求设计洪水的方法可参阅相关书籍。

（3）由地区综合经验公式推求设计洪水

当设计流域（主要是小流域）缺乏降雨径流资料时，运用地区综合法，通过对气候和下垫面因素相似地区实测与调查的洪水资料进行归纳综合，建立洪峰流量或洪水总量与主要影响因素之间的关系。由于这种关系的建立不是基于洪水的物理成因，因而获得的公式称为经验公式。

（4）由最大可能降水（PMP）推求设计洪水

如前所述，由 PMP 推求的可能最大洪水也是一种设计洪水。

在设计洪水的实际计算中，上述各种方法相辅相成，有条件时可同时使用这几种方法，相互比较，充分论证，合理选定结果。

第 3 章　降水资料的收集与整理

3.1　降水

降水是指自云中降落到地面上的水汽凝结物，包括降雨、降雪、露、霜、雹、霰等，通常主要是指降雨和降雪。降水是水文循环的重要环节，是地表水、土壤水、地下水的总补给来源，是水量平衡三要素（降水、蒸发与径流）之一。

3.1.1　降水观测

降水量是指不发生蒸发、渗透、流失而累积在水平面上的雨水（或融化后的雪水）深度，以 mm 计。降水量一般采用器测法、雷达探测和气象卫星云图进行估算。

3.1.1.1　器测法

器测法是观测降水量最常用的方法。观测仪器通常有雨量器和自记雨量计两种。雨量器（图 3-1）上部的漏斗口呈圆形，内径 20 cm，漏斗下部放置储水瓶，用于收集雨水。设置时，上口距地面 70 cm。观测时，用特制的雨量杯进行。

通常对降水量的观测，采用定时分段观测制，将 24 h 分成几个时段进行，并按北京标准时间以 8 时作为日分界点。自记雨量计能自动连续地把降雨过程记录下来，常用的种类有虹吸式、称重式和翻斗式，如图 3-2～图 3-4 所示。自记雨量计记录纸上的雨量曲线，是累积曲线，从中可以看出降雨时间、雨量大小、降雨强度。在降雨强度大时，自记雨量计会出现较大的误差，因此，自记雨量计常和雨量器同时进行观测，以便相互核对。

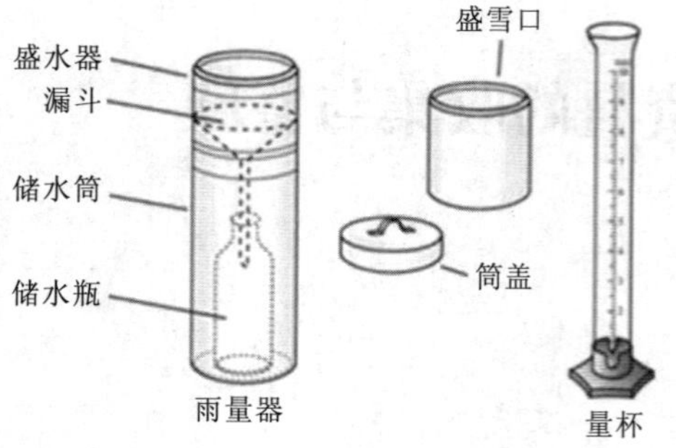

图 3-1　雨量器示意图

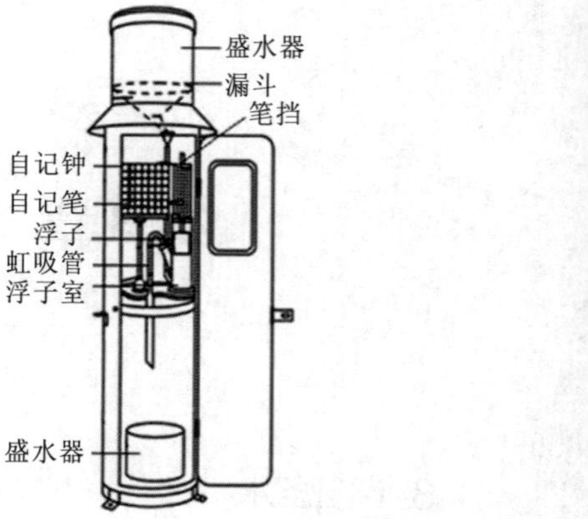

图 3-2　虹吸式自记雨量计结构

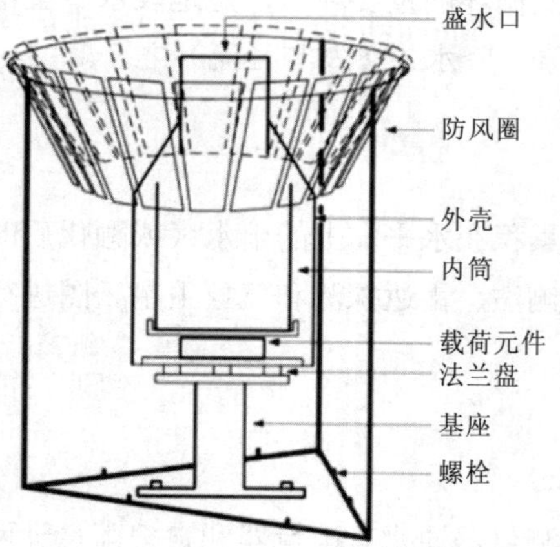

图 3-3　称重式自记雨量计结构

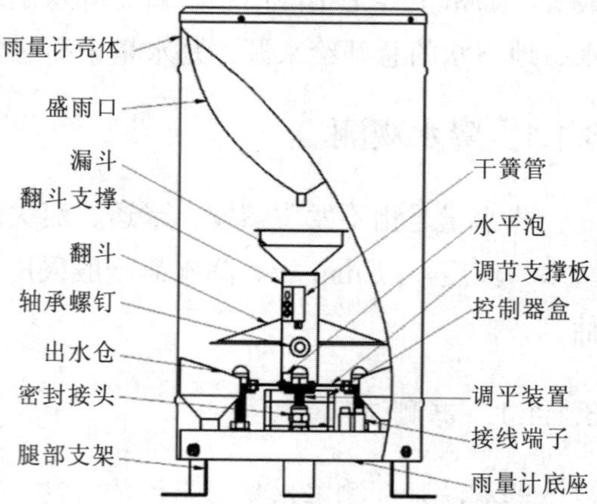

图 3-4　翻斗式自记雨量计结构

降雪量一般用融化后的雪水的深度表示，虹吸式自记雨量计在降雪、结冰的天气不能使用，可以使用雨量器更换盛雪口或使用称重式自记雨量计进行测量。

3.1.1.2　雷达探测

气象雷达发射电磁能脉冲，以光速传播，云、雨、雪等会对无线电波反射返回雷达，被雷达接收机接收，在雷达显示器上显示各种回波，回波的形状可以反映天气情况。用于水文方面的雷达，其有效探测范围一般为 40～200 km，在 110 km 以内，雷达测雨的误差为雨量器误差的 50%～200%，雨量站通常也会因为抽样不足产生误差。因此，气象雷达和雨量站联合使用观测值会更加精确。

3.1.1.3　气象卫星云图

气象卫星云图主要分为红外云图、可见光云图、水汽云图，是通过气象卫星获取的大气云层分布和地表信息，被广泛应用于日常气象业务、环境监测、防灾减灾、大气科学、海洋学和水文学、农业等多个领域，为国家经济发展、社会进步作出了贡献，成为我国现代化气象业务系统中不可或缺的组成部分，也被世界气象组织正式列为世界天气监视网全球观测系统的组成部分。

用卫星资料估计降水的方法有很多，目前气象卫星云图的降水分析方法主要包括云生命史法、双通道法、降水率、云顶亮温法和云指数法等。水文方面目前利用地球静止卫星短时间间隔云图图像资料，并借助模型进行估算。这种方法可引入人机交互系统，自动进行数据采集、云图识别、降水量计算、雨区移动预测等工作。同时气象卫星云图具有获取全球探测资料、时空分辨率高、统一性好等优点。我国的捕风系列和风云系列气象卫星为台风、暴雨、冰雹、暴雪、沙尘暴、龙卷风等灾害性天气的预测提供了有力的资料支撑。

3.1.2　降水特征

降水特征常用几个基本降水元素来表示，如降水量、降水历时、降水强度、降水面积和暴雨中心等，其中前 3 项被称为降水三要素。一定时段内降落在某一点或某一面积上的总雨量称为降水量，以 mm 计。整个降水过程所经历的时间称为降水历时，以 min 或 h 计。降水笼罩的平面面积为降水面积，一般以 km^2 计。暴雨中心为暴雨集中的较小的局部地区。降水的特征不同，其所形成洪水的特性也不同。单位时间内的降水量为降水强度，以 mm/min 或 mm/h 计。在Δt 降水历时内降水量为Δp 时，平均降水强度（$\bar{i}$）可用式（3-1）计算：

$$\bar{i}=\frac{\Delta p}{\Delta t} \tag{3-1}$$

式中：Δp —— 降水量；

Δt —— 降水历时。

瞬时降水强度（i）则按式（3-2）计算：

$$i=\lim_{\Delta t\to 0}\frac{\Delta p}{\Delta t}=\frac{\mathrm{d}p}{\mathrm{d}t} \tag{3-2}$$

自记雨量计记录纸上绘出的曲线是一条累积雨量曲线，纵坐标表示累积雨量 p，横坐标表示时程 t，曲线的斜率 $\mathrm{d}p/\mathrm{d}t$ 表示降雨强度。曲线最陡处，即斜率最大处，表示降雨强度最大；曲线水平延伸时，表示无雨。

3.2 降水分布

根据实际观测，复杂的气候因素和地理因素会导致降水量分布不均匀。

3.2.1 流域平均降水量

雨量站观测到的降水量，只代表该站点的降水情况。而水文计算时，需要全区域或全流域的平均降水量。常用的计算方法有算术平均法、加权平均法（泰森多边形法）、等雨量线法和距离平方倒数法等。在计算前首先要认真分析区域内以及邻近区域的雨量站的降水资料，检查各点降水量的代表性和可靠性。然后针对不同的条件采用不同的计算方法。

3.2.1.1 算术平均法

当流域内雨量站分布比较均匀，地形起伏变化不大时，可用算术平均法求流域平均雨量。

$$P_{\mathrm{F}}=\frac{1}{n}(P_1+P_2+\cdots+P_n)=\frac{1}{n}\sum_{1}^{n}P_i \tag{3-3}$$

式中：P_1，$P_2 \cdots P_n$ —— 同一时期内各雨量站实测降水量，mm；

n —— 雨量站站数；

P_{F} —— 流域平均降水量，mm。

3.2.1.2　加权平均法（泰森多边形法）

该方法假定流域上各点的雨量以其最近的雨量站的雨量为代表，需采用一定的方法求算各站代表的在流域中距其最近的点的面积。这些站代表的面积图被称为泰森多边形，如图 3-5 所示。

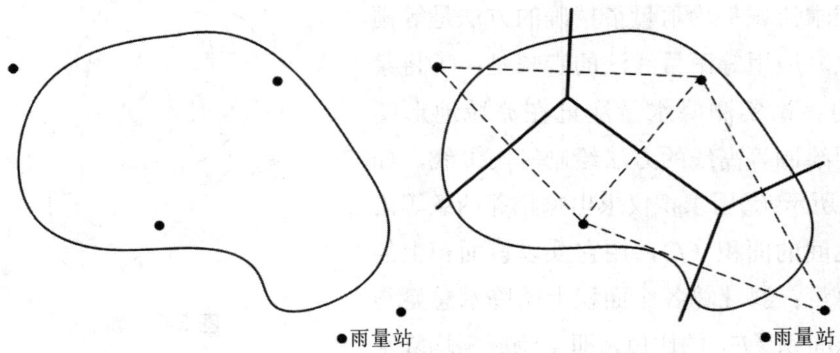

图 3-5　流域雨量站分布及泰森多边形示意图

应用加权平均法的步骤：①用直线连接各站构成三角形；②作各连线的垂直平分线，它们与流域分水线一起组成 n 个多边形；③计算每个多边形的面积，就是其雨量站代表的面积。设第 i 站代表的面积为 f_i，雨量为 P_i，则该方法计算流域平均雨量的公式为

$$P_{\mathrm{F}}=\frac{P_1f_1+P_2f_2+\cdots+P_nf_n}{\sum_1^n f_i}=\frac{\sum_1^n P_if_i}{F}=\sum_1^N P_i\frac{f_i}{F} \tag{3-4}$$

式中：P_i—— 雨量；

f_i—— 第 i 站代表的面积；

F—— 流域总面积，km^2。

式（3-4）中 f_i/F 表示各雨量站所代表的面积占全流域面积的比值，通常称为权重，实测雨量 P_i 与权重 f_i/F 的乘积称为权雨量，流域平均降水量则是各站权雨量之和。

泰森多边形法比算术平均法的精度高，该方法假定各站的雨量呈线性变化，且将各部分面积分配于最靠近的站点，这种方法考虑了雨量站和降水量分布不均匀的情况，工作量不大，在生产实践中应用较广。

3.2.1.3 等雨量线法

推求流域平均雨量最精确的方法是等雨量线法。应用等雨量线法的步骤是：①将某场雨的各站实测降水量注记在流域地形图上，用绘制等高线的方法绘制等雨量线，如图 3-6 所示；②用求积仪求出每相邻两条等雨量线之间的面积（f），用它乘以该面积上的降水总量；③计算各个面积上的降水总量与流域总面积（F）的比值，即得流域平均降水量，其计算式为

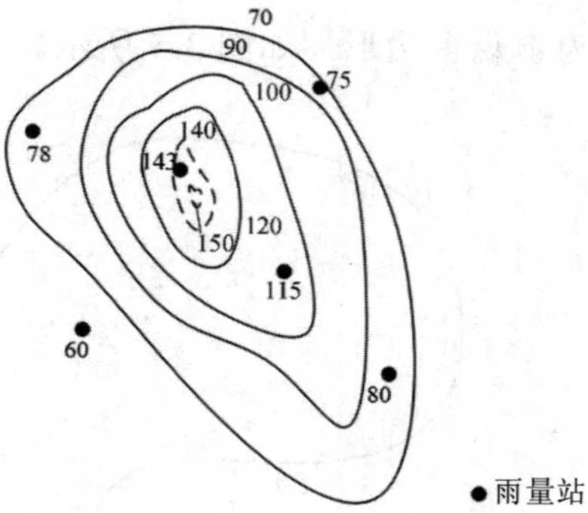

图 3-6 等雨量线

$$P_F = \frac{\sum_1^n \frac{P_i + P_{i+1}}{2} f_i}{\sum_1^n f_i} = \frac{\sum_1^n \frac{P_i + P_{i+1}}{2} f_i}{F} \tag{3-5}$$

式中：P_F —— 流域平均降水量，mm；

f_i —— 两等雨量线间所包围的流域面积，km^2；

P_i，P_{i+1} —— 面积 f_i 两侧等雨量线的雨量值，mm。

此方法能考虑流域地形的变化绘制等雨量线，较好地反映了降雨在流域上的变化，精度较高，但绘制等雨量线需要更多站点的资料，且每次都需要重绘，工作量很大，主要用于典型大暴雨的分析。

3.2.1.4 距离平方倒数法

该方法将计算区域划分成许多长、宽分别为 Δx、Δy 的矩形网格，网格格点处的雨量用其周围邻近雨量站按其距离平方的倒数插值求得：

$$x_j = \frac{\sum_{i=1}^{m}\left(p_i/d_i^2\right)}{\sum_{i=1}^{m}\left(1/d_i^2\right)} \tag{3-6}$$

式中：x_j —— 第 j 个格点的雨量；

p_i —— 第 j 个格点周围邻近的第 i 个雨量站的雨量；

d_i —— 第 j 个格点到其周围邻近的第 i 个雨量站的距离；

m —— 第 j 个格点周围邻近的雨量站数量。

由于格点的数量足够多，而且分布均匀，因此，在使用式（3-6）求得每个格点的雨量后，可按算术平均法计算流域的平均雨量：

$$P_{\mathrm{F}} = \frac{1}{n}\sum_{j=1}^{n} x_j = \frac{1}{n}\sum_{j=1}^{n}\left[\sum_{i=1}^{m}\left(p_i/d_i^2\right)\Big/\sum_{i=1}^{m}\left(1/d_i^2\right)\right] \tag{3-7}$$

式中：n —— 区域内格点的数量。

该方法改进了站与站之间的雨量呈线性变化的假设，虽然计算过程复杂，但便于计算机处理数据。若雨量不与距离的平方成反比关系，也容易改成其他幂次，这也是该方法的一大特点。另外，因该方法插补出每个网格格点的雨量，也为分布式流域水文模型的分布式降雨提供了可能性。

实践证明，对于历时长的降雨，上述方法都能得到相近的结果，随着降雨历时的减小，各方法计算结果的差异就会显现出来。

3.2.2　我国年降水量的分布

我国年降水量在地理上的分布，大体呈从东南到西北依次递减趋势。等降水量线的走向大致是东北—西南向。这是因为我国西北地区伸入亚欧大陆的中心，而东南濒临太平洋，因此，东南湿润，西北干旱。我国降水量的季节分布特点是大部分地区降雨集中在夏季，而冬季降水量最少。除长江以南、南岭以北和台湾地区、新疆部分地区以外，其他地区夏季的降水量占全年降水量的 40%以上。

影响降水量大小及时空分布的因素主要有地理位置、气旋、台风路径和其他气象因素以及地形、森林、水体等。研究这些影响因素对掌握降水特性，判断其资料的合理性、可靠性，不同地区不同河流的径流情势分析及降水资料的应用都具有重大作用。

3.3 点雨量资料的整理

雨水排除系统所要排除的雨水，绝大部分属短历时暴雨形成的，雨水径流量大。暴雨为日降水量达到或超过 50 mm 的降水。暴雨又分为暴雨、大暴雨和特大暴雨。排水部门根据自记雨量计的雨量资料，选出暴雨进行分析，推算暴雨强度-历时关系曲线，作为排水工程设计的依据。

按照《室外排水设计标准》（GB 50014—2021）的规定，具有 20 年以上的自记雨量计记录的地区可以采用年最大值法取样，降水历时宜采用 5 min、10 min、15 min、20 min、30 min、45 min、60 min、90 min、120 min、150 min、180 min 共 11 种历时，计算降雨重现期按 2 年、3 年、5 年、10 年、20 年、30 年、50 年、100 年统计。选取各历时降雨资料，应采用经验频率曲线或理论频率曲线进行趋势性拟合调整。可采用的理论频率曲线包括皮尔逊III型分布曲线、耿贝尔分布曲线和指数分布曲线。根据确定的频率曲线，得出重现期（T）、降雨强度（i）和降雨历时（t）的关系（见表 3-1）。再根据三者的关系值采用图解法、解析法、图解与计算结合法等方法求解暴雨强度公式中的各个参数。为提高暴雨强度公式的精度，可采用高斯-牛顿法。随着计算机软件的发展，许多学者尝试利用计算机推求暴雨强度公式，例如，使用 MATLAB、Java 编程软件以及 Excel 软件的绘图功能以提高计算效率和求解精度。

由自记雨量计记录推求短历时的暴雨公式，一般要有 20 年以上的记录年数，最少也要在 10 年以上。当只有 10 年或略长于 10 年时，记录必须是连续的。对这些记录资料的整理统计，需要按下述方法求出各不同历时暴雨强度的重现期。

GB 50014—2021 规定，具有 10 年以上自记雨量计记录的地区，计算暴雨公式时降雨历时宜采用 5 min、10 min、15 min、20 min、30 min、45 min、60 min、90 min、120 min 共 9 种历时（当集水面积较小时，可以不统计 90 min、120 min）。按这一标准摘录和统计雨量资料。一次降雨的中途，强度小于 0.1 mm/min 的持续时间超过 120 min 时，应作为两场降雨来统计。

表 3-1　暴雨强度-降雨历时-重现期（*i*-*t*-*T*）关系表

	t /min						
T/年	5	10	15	20	30	45	60
	i /（mm/min）						
0.25	0.318	0.218	0.189	0.169	0.141	0.117	0.103
0.33	0.432	0.308	0.258	0.230	0.191	0.155	0.143
0.50	0.557	0.446	0.366	0.325	0.266	0.227	0.198
1	0.813	0.652	0.544	0.470	0.395	0.330	0.288
2	1.180	0.863	0.712	0.631	0.520	0.435	0.382
3	1.350	0.973	0.810	0.715	0.596	0.496	0.434
5	1.530	1.120	0.931	0.820	0.682	0.575	0.497
10	1.830	1.340	1.110	0.980	0.818	0.680	0.596
暴雨强度值总计	8	5.920	4.920	4.430	3.609	3.015	0.330
暴雨强度平均值	1	0.74	0.615	0.542	0.452	0.376	0.330

由于雨量资料年数还不够长，取样方法宜采用年多个样法。在每年不同历时的暴雨强度记录表中，均按大小排列，选取排在前面的 6～8 个最大值，作为该年不同历时的样本。然后，把每年所有选取的样本记录放在一起，无论年次将每个历时的样本重新排队，再从中取资料年数的 3～4 倍的最大值，作为统计的基础资料。使用这种方法时，一般要求按不同历时，计算重现期为 0.25 年、0.33 年、0.5 年、1 年、2 年、3 年、5 年、10 年的暴雨强度，制成暴雨强度、降雨历时和重现期的关系表，资料条件较好（资料年数≥20 年，子样点的排列较规律）时，也可统计大于 10 年的重现期。

当设计采用的重现期较高而大于资料记录年限时，需借助理论频率曲线，应用适线法求出不同降雨历时的暴雨强度和频率的关系。此时，将不同历时已适线好了的理论频率曲线用概率格纸综合为一张适线图，然后从各曲线求出不同重现期的暴雨强度，也可制成上述的关系表。

在没有雨量资料或雨量资料少于 10 年的地区，可参照采用附近气象条件相似地区的暴雨强度公式，并且暴雨强度公式应根据气候变化进行修正。

3.4 暴雨强度公式的推求

3.4.1 暴雨强度公式

将频率分析结果，表 3-1 中暴雨强度-降雨历时-重现期（*i*-*t*-*T*）数据作成图 3-7。暴雨强度随历时增加而减小，这种曲线一般属幂函数，通常用下列公式表达。

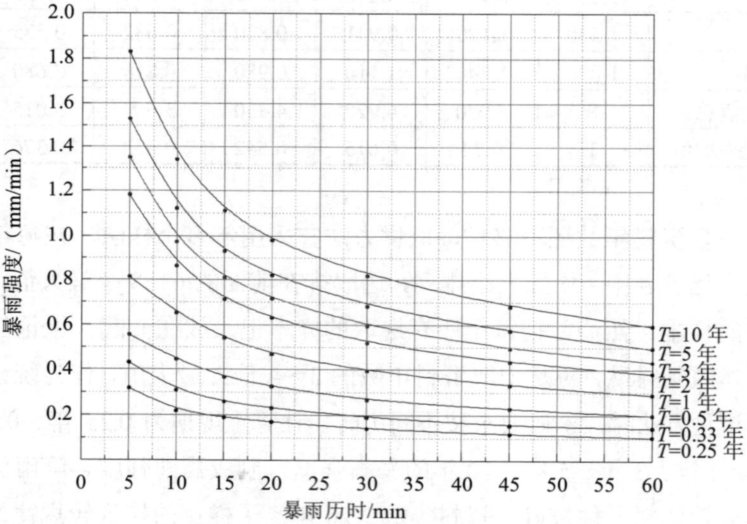

图 3-7 暴雨强度-降雨历时-重现期关系曲线

①当 i 与 t 点绘在双对数坐标纸上不呈直线关系时，则采用：

$$i=\frac{A}{(t+b)^n} \tag{3-8}$$

②当 i 与 t 点绘在双对数坐标纸上呈直线关系时，则采用：

$$i=\frac{A}{t^n} \tag{3-9}$$

式中：n —— 暴雨衰减指数；

b —— 时间参数；

A —— 雨力或时雨率，mm/min 或 mm/h。

由整理点雨量资料的要求可知，上述公式算得的强度 i 应是任意时段 t 内的最大平均暴雨强度值，式（3-9）为式（3-8）中 b=0 的特殊情况。A 随重现期 T 而变。它与 T 的关系常用下列公式表达：

$$A = A_1\left(1 + C\lg T\right) \tag{3-10}$$

式（3-8）、式（3-9）为暴雨分公式形式，式（3-10）为 GB 50014—2021 推荐的雨水量计算标准公式，能够较全面地反映我国大多数地区的暴雨强度变化规律。该规范要求最后将暴雨强度 i 换算为 q 便于绘制全国参数等值线图。其计算公式如下：

$$q = \frac{167A_1\left(1 + C\lg T\right)}{\left(t + b\right)^n} \tag{3-11}$$

式中：q —— 设计暴雨强度，L/（s·hm^2）；

t —— 降雨历时，min；

T —— 设计重现期，年；

C —— 暴雨的地方特性参数，根据统计方法进行计算确定。

下面首先介绍暴雨强度公式参数推求的基本原理和简便的传统求解参数方法——图解法和解析法。

3.4.2　公式 $i = A/t^n$ 中参数的推求

对式（3-9）两边取对数：

$$\lg i = \lg A - n\lg t \tag{3-12}$$

表明暴雨强度曲线在双对数坐标纸上是一条直线，n 为直线斜率。由式（3-10）得：

$$A = A_1 + A_1C\lg T = A_1 + B\lg T \tag{3-13}$$

式（3-13）在单对数坐标纸上（A 为普通分格，T 为对数分格）也是一条直线，B 为斜率。根据上述两式呈直线的特点，常用图解法或最小二乘法求公式中的参数。

3.4.2.1 图解法

将表 3-1 中的数据以重现期为参数，将 i-t 关系点绘在双对数坐标纸上，如图 3-8 所示，对不同的 T，i-t 近似平行，即斜率 n 与重现期无关，所以用历时相同的 i 取平均值，作直线，斜率 $n = 0.45$。

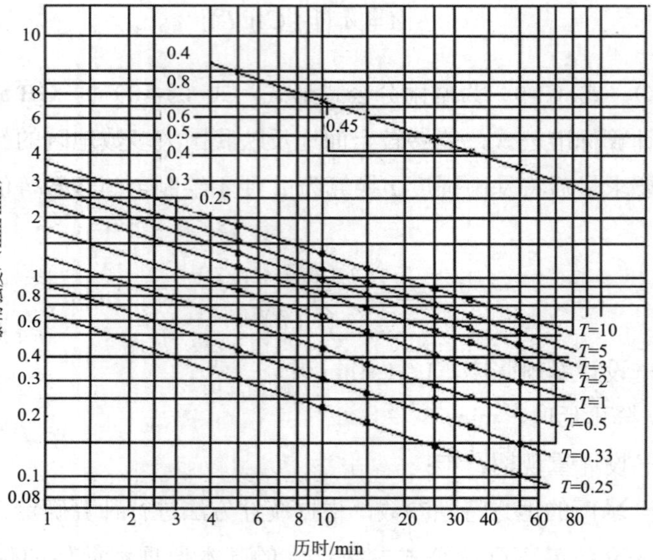

图 3-8 某地暴雨强度-降雨历时-重现期关系曲线

由式（3-12）可知，当 t=1 min 时，$\lg i = \lg A$，即直线与纵坐标相交处的截距为 A。在图 3-8 中，将各重现期的直线延长到 t=1 min 的纵坐标处，可得表 3-2 中对应的 T-A 关系。

表 3-2 T-A 关系

重现期（T）/年	10	5	3	2	1	0.5	0.33	0.25
雨力（A）/（mm/min）	3.80	3.18	2.77	2.41	1.80	1.23	0.89	0.65

把这些关系点绘在半对数坐标纸上，它们有排列成直线的趋势，仍按作回归

线的方法，可得一条配合较好的直线。即方程：$A = A_1 + B\lg T$。

当 T=1 时，A=A_1，为该直线的截距，图中 A_1=1.80。

当 T=10 时，A_{10}=A_1+B，即斜率 B=A_{10}–A_1，图中 B=3.8–1.8=2.0，因而 C=B/A_1=2.0/1.8=1.11，由此得：$A = 1.8\times\left(1+1.11\lg T\right)$。

最后，由图解法求得某地的暴雨公式为：

$$i = \frac{1.8\times\left(1+1.11\lg T\right)}{t^{0.45}} \tag{3-14}$$

3.4.2.2　最小二乘法

用图解法求暴雨公式中的参数，完全由目估定线，个人的工作经验对成果的好坏会起到一定作用。当点距比较散乱时，可按最小二乘法原理求各参数值。

此数将每一重现期的暴雨强度与降雨历时看作一组观测系列，每组有 m_1 对（i，t）值，由式（3-12）知：$\lg i - \left(\lg A - n\lg t\right) \neq 0$。

根据最小二乘法原理，若所求得的参数为最佳值时，则可使观测值 i 与其匹配直线之间的误差平方和 M（上式之差的平方和）为最小。

设：$\sum\left[\lg i - \left(\lg A - n\lg t\right)\right]^2 = M$

令 $\dfrac{\partial M}{\partial n} = 0$，得 $\sum\left(\lg i\cdot\lg t\right) - \sum\left(\lg A\cdot\lg t\right) + n\sum\lg^2 t = 0$

对某一重现期（T）而言，$\lg A$ 为常数，所以：

$$\sum\left(\lg i\cdot\lg t\right) - \lg A\sum\lg t + n\sum\lg^2 t = 0 \tag{3-15}$$

又令 $\dfrac{\partial M}{\partial\left(\lg A\right)}$=0，得

$$\sum\lg i - \sum\lg A + n\sum\lg t = 0 \tag{3-16}$$

式中：m_1——降雨历时的总项数。

联立解式（3-15）与式（3-16），可得到式（3-17）与式（3-19）。即

$$n=\frac{\sum \lg i\cdot\sum \lg t-m_1\sum\left(\lg i\cdot\lg t\right)}{m_1\sum \lg^2 t-\left(\sum \lg t\right)^2} \tag{3-17}$$

此式所得只属于某一重现期（T）的暴雨衰减指数（n_T）。对应于不同重现期，可得多个略有差异的 n_T 值。为统一在一个暴雨公式中，应取其平均值作为计算值，即

$$\bar{n}=\frac{\sum_{1}^{m_2} n_T}{m_2} \tag{3-18}$$

因此得

$$\lg A=\frac{1}{m_1}\left(\sum \lg i+\bar{n}\sum \lg T\right) \tag{3-19}$$

最后，为了求得参数 A_1 及 B 值，对式：$A=A_1+B\lg T$ 运用最小二乘法，得

$$n=\frac{\sum \lg^2 T\cdot\sum A-\sum \lg T\cdot\sum A\cdot\lg T}{m_2\sum \lg^2 t-\left(\sum \lg t\right)^2} \tag{3-20}$$

$$B=\frac{\sum A-m_2 A_1}{\sum \lg T} \tag{3-21}$$

式中：m_2——重现期的总项数。

3.4.3 公式 $i=A/(t+b)^n$ 中参数的推求

当 i 与 t 点绘在双对数坐标纸上是一条曲线时，可用试摆法使之形成直线。试摆法就是对某一重现期的曲线，保持其纵坐标 $\lg i$ 不变，而在各个历时 t 上，试加相同的 b 值，使横坐标 $\lg t$ 变成 $\lg(t+b)$，若各点连线变成一直线时，则试加之值就是所求 b 值。因此，不同的重现期（T）有各自适合的 b 值。

对式（3-8）两边取对数得

$$\lg i=\lg A-n\lg(t+b) \tag{3-22}$$

当 $t+b=1$ 时，$\lg i=\lg A$，纵坐标上的截距 i 就是 A，同时

$$n=\frac{\lg A-\lg i}{\lg(t+b)} \tag{3-23}$$

由此式即可求出参数 n。将初步求得的 A、b、n 值列表计算，从中求得 n 的第一次平均值，再调整 b 和 A，求出 b 的平均值和 n 的第二次平均值，最后求得 A_1、B 和 C。

除上述传统方法以外，主要还有高斯-牛顿法、牛顿迭代法、麦夸尔特法、黄金分割法、遗传算法、蚂蚁算法等。以高斯-牛顿法为例：

$$i=\frac{A_1(1+C\lg T)}{(t+b)^n} \tag{3-24}$$

求解步骤如下：

①由式（3-24）对 A_1、C、b、n 分别求偏导，即

$$\frac{\partial i}{\partial A_1}=\frac{1}{(t+b)^n} \tag{3-25}$$

$$\frac{\partial i}{\partial C}=\frac{\lg T}{(t+b)^n} \tag{3-26}$$

$$\frac{\partial i}{\partial b}=\frac{-(A_1+C\lg T)n}{(t+b)^{n+1}} \tag{3-27}$$

$$\frac{\partial i}{\partial n}=\frac{-(A_1+C\lg T)\ln(t+b)}{(t+b)^n} \tag{3-28}$$

②确定参数迭代初值 $\theta_{(0)}=(A_{1(0)}, C_{(0)}, b_{(0)}, n_{(0)})'$。将式（3-24）分解为两部分：

$$i=A/(t+b)^n \tag{3-29}$$

$$A=A_1(1+C\lg T) \tag{3-30}$$

首先，确定单一重现期参数的初值，将某一重现期 $i\sim t$ 资料分成 3 组，求各组平均数 $(\bar{i}_1,\bar{t}_1)$、$(\bar{i}_2,\bar{t}_2)$、$(\bar{i}_3,\bar{t}_3)$，代入式（3-29）得方程组：

$$\left.\begin{aligned}\overline{i_1}&=A\Big/\left(\overline{t_1}+b\right)^n\\\overline{i_2}&=A\Big/\left(\overline{t_2}+b\right)^n\\\overline{i_3}&=A\Big/\left(\overline{t_3}+b\right)^n\end{aligned}\right\}\tag{3-31}$$

解上述方程组得 A、b、n，作为单一重现期的参数初值，并一次求解各重现期的参数初值 $A'_{(0)}$、$b'_{(0)}$、$n'_{(0)}$。

其次，确定各重现期综合参数的初值，将上述求得的单一重现期 $b'_{(0)}$、$n'_{(0)}$，分别取平均值作为综合参数的初值 $b_{(0)}$、$n_{(0)}$。将 $(\lg T,\ A'_{(0)})$ 分组，求平均值 $(\overline{\lg T},\overline{A'}_{(0)})$ 分别代入式（3-30）解出 C、A_1，从而得到参数的初值 $\theta_{(0)}$。

③应用式（3-25）～式（3-28），$\theta_{(0)}$ 以及 h 组实测值 $(T_m,\ t_m,\ i_m)$，m 为 1～h，可计算偏导数矩阵 $\boldsymbol{J}(\theta_{(0)})$ 以及 $f(\theta_{(0)})$。

$$\theta_{(k+1)}=\theta_{(k)}+[\boldsymbol{J}'(\theta_{(k)})\boldsymbol{J}(\theta_{(k)})]^{-1}\boldsymbol{J}'(\theta_{(k)})[y-f(\theta_{(k)})]\tag{3-32}$$

式中：θ ——p 维参数向量；

f—— 一般函数；

k—— 递推次数。

$$\boldsymbol{J}(\theta_{(k)})=\begin{bmatrix}\dfrac{\partial f_1(\theta)}{\partial\theta_1}&\dfrac{\partial f_1(\theta)}{\partial\theta_2}&\cdots&\dfrac{\partial f_1(\theta)}{\partial\theta_p}\\\dfrac{\partial f_2(\theta)}{\partial\theta_1}&\dfrac{\partial f_2(\theta)}{\partial\theta_2}&\cdots&\dfrac{\partial f_2(\theta)}{\partial\theta_p}\\\vdots&\vdots&\vdots&\vdots\\\dfrac{\partial f_h(\theta)}{\partial\theta_1}&\dfrac{\partial f_h(\theta)}{\partial\theta_2}&\cdots&\dfrac{\partial f_h(\theta)}{\partial\theta_p}\end{bmatrix}\tag{3-33}$$

$$y=(y_1,y_2,\cdots,y_m)',\quad f(\theta_{(k)})=[f_1(\theta_{(k)}),f_2(\theta_{(k)}),\cdots,f_h(\theta_{(k)})]'\tag{3-34}$$

④根据式（3-32）可以求得 $\theta_{(1)}$。

⑤再以 $\theta_{(1)}$ 作为初始值，重复步骤④、步骤⑤，根据给定的 δ 值（如 $\delta=0.000\,5$），经若干次递推迭代，直到 $\theta_{(k)}$ 收敛稳定，即 $|\theta_{(k+1)}-\theta_{(k)}|\leqslant\delta$，可求得暴雨公式参数的估计值 $\hat{\theta}$。

3.5　小流域暴雨洪峰流量的计算

3.5.1　小流域暴雨洪水计算的特点

在小流域上修建排水建筑物（如城市街道排水沟、工矿企业的防洪沟渠、室外雨水管渠、铁路和公路的桥梁和涵洞）时；或在小河流上修建带调节水库的取水工程时，都需要了解相应的设计洪水，以便合理地确定工程规模。

小流域面积的范围，当地形平坦时，可以为 300～500 km^2；当地形复杂时，有时限制在 10～30 km^2。这主要取决于计算公式在推求过程中所依据的条件，在使用时需要特别加以注意。

与大流域和中流域相比，小流域设计洪水的计算具有以下特点：

①缺乏水文测站，往往缺乏暴雨和流量资料，特别是缺乏流量资料。通常是利用少数小流域代表站的实测资料，综合出参数的地区分布规律，从而运用于无资料流域。

②小流域面积小，自然地理条件趋于单一，拟定计算方法时，允许作适当的简化，即允许做出一些概念化的假定，如假定短历时的设计暴雨时空分布均匀。

③小流域基本都是小型工程，其规模和尺寸主要受洪峰流量控制，服务对象多，要求不一。因此小流域设计洪水，主要是解决设计洪峰流量问题，对设计洪水过程线的要求较粗略。

④计算方法应力求简便，使广大基层水文工作者易于掌握和应用。

目前我国各地区计算小流域暴雨洪水的方法有推理公式法、经验公式法、综合单位线法及水文模型等。在实际选用方法时，应根据工程规模及当地条件决定，若有可能应综合分析比较多种计算方法，最终确定设计洪峰流量。本章主要介绍推理公式法和经验公式法。

（1）推理公式法

推理公式法主要适用于流域面积在 500 km^2 以下的小流域洪水计算，按照所在地区的水文手册及暴雨径流查算图表计算设计历时的暴雨量，对流域产流、汇流作一定概化，按“设计暴雨→设计净雨→设计洪水”的顺序建立计算式推算设计洪峰流量。其计算参数相对较少，结果具有较好的精度，是国内外使用最广泛的一种方法。推理公式法基本公式：

$$Q_{\mathrm{m}} = 0.278\frac{h}{\tau}F \tag{3-35}$$

$$\tau = 0.278\frac{L}{mJ^{1/3}Q_{\mathrm{m}}^{1/4}} \tag{3-36}$$

式中：Q_{m} —— 洪峰流量，$\mathrm{m^3/s}$；

h —— 全面汇流时代表 τ 时段的最大净雨，在部分汇流时代表单一洪峰的净雨，mm；

F —— 流域面积，$\mathrm{km^2}$；

τ —— 流域汇流历时，h；

m —— 汇流参数；

L —— 沿主河从出口断面至分水岭的最长距离，km；

J —— 沿流域 L 的平均比降（以小数计）。

表 3-3 可作为无资料条件下确定 m 值的参考，表中 $\theta = L/J^{1/3}$ 。

表 3-3 *T-A* 小流域下垫面条件分类表

类别	雨洪特性、河道特性、土壤植被条件的简单描述	m			
		θ 为 1～10	θ 为 10～30	θ 为 30～90	θ 为 90～400
Ⅰ	北方半干旱地区、植被条件较差，以荒坡、梯田或少量的稀疏林为主的土石山区，旱作物较多，河道呈宽浅型，间歇性水流，洪水陡涨陡落	1.00～3.00	1.30～1.60	1.60～1.80	1.80～2.20
Ⅱ	南北方地理景观过渡区，植被条件一般，以稀疏、针叶林、幼林为主的土石山区或流域内耕地较多	0.60～0.70	0.70～0.80	0.80～0.90	0.90～1.30
Ⅲ	南方、东北湿润山丘区，植被条件良好，以灌木林、竹林为主的石山区，或森林覆盖度达 40%～50%，或流域内多为水稻田、卵石，两岸滩地杂草丛生，大洪水多为尖瘦型，中小洪水多为矮胖型	0.30～0.40	0.40～0.50	0.50～0.60	0.60～0.90
Ⅳ	雨量丰沛的湿润山区，植被条件优良，森林覆盖度可达 70%以上，多为深山原始森林区，枯枝落叶层厚，壤中流较丰富，河床呈山区型，大卵石，大砾石河槽，有跌水，洪水多为陡涨缓落	0.20～0.30	0.30～0.35	0.35～0.40	0.40～0.80

（2）经验公式法

综合利用分析实测洪峰流量资料和调查洪水资料，建立洪峰流量与主要影响因素间的经验公式，在各地区水文手册中均有介绍，在使用时存在一定的局限性。主要用于无资料流域推求设计洪峰流量，是一种集产流与汇流于一体的洪峰流量计算方法。

①根据《商洛地区实用水文手册》，经验计算公式如下：

$$Q_{\mathrm{p}} = K_{\mathrm{p}} F^{n} \tag{3-37}$$

式中：Q_{p} —— 设计频率为 p 的洪峰流量，$\mathrm{m^3/s}$；

F —— 设计流量面积，$\mathrm{km^2}$；

K_{p} —— 模比系数经验值，详见《商洛地区实用水文手册》；

n —— 经验指数。

②根据《山西省水文计算手册》（2011 年），经验计算公式如下：

$$Q_{\mathrm{p}} = C_{\mathrm{p}} S_{\mathrm{p}}^{0} A^{N} \tag{3-38}$$

式中：Q_{p} —— 设计频率为 p 的洪峰流量，$\mathrm{m^3/s}$；

A —— 涉水工程控制的流域面积，$\mathrm{km^2}$；

C_{p} —— 与概率 p 有关的经验参数，可从《山西省水文计算手册》查得，并按汇流地类面积加权计算求得；

N —— 面积指数，$N = N_1 A^{-\beta}$（N_1、β为经验参数）；

S_{p}^{0} —— 涉水工程控制流域内定点概率雨力的面平均值，即设计定点雨力，mm/h，可由《山西省水文计算手册》暴雨参数等值线图查算求得。

3.5.2 设计净雨量的推求的计算方法

3.5.2.1 暴雨损失及分类

暴雨损失是指在降雨过程中由于植物截留、蒸发、填洼和下渗，使部分雨水不能形成地表径流而损失的水量。降雨发生后，部分雨水首先被植物的叶、茎拦截，称植物截留。其截留量对一次降雨影响不大，即使在草类茂密、灌木丛生的地区，一次较大降雨中的截留损失也很难超过 10 mm。降雨期间的蒸发量是指本次降雨落到地面然后蒸发或在洼地蓄水体表面上蒸发的那部分水量，由于降雨时空气湿度大，这部分蒸发损失很小，可以忽略不计。雨水被地面凹坑或洼地拦蓄的现象叫作填洼，在一般地形下，一次降雨损失 3～5 mm，但如果地形特殊或有大量的人工蓄水工程（如塘堰，小水库、梯田、稻田蓄水等），填洼量则将显著增加，必须另行考虑。雨水从地面渗入土壤中的现象叫作下渗，一次降雨的损失，主要表现为下渗损失，当降雨强度大于下渗强度时，就会产生地表径流。

3.5.2.2　下渗

下渗是指水分通过土壤表面垂直向下进入土壤的运动过程。下渗是降雨径流过程中的重要一环，不仅直接影响地表径流量的大小，也影响土壤水分的增长以及地下水与地下径流的形成。

（1）下渗的物理过程

当雨水落在干燥土层表面时，雨水将渗入土壤，渗入土中的水分，在分子力、毛管力和重力的作用下发生运动。按水分所受的力的组合变化和运动特征，下渗可分为以下 3 个阶段：

①渗润阶段。下渗的水分受分子力的作用，被土粒吸收，首先成为吸湿水，而后成为薄膜水。当土壤含水量达到最大分子持水量时分子力不再起作用，这一阶段结束。

②渗漏阶段。下渗水分主要在毛管力、重力作用下不稳定流动，并逐步充填土壤孔隙直至饱和，这一阶段结束，此时毛管力消失。

③渗透阶段。当土壤孔隙充满水达到饱和时，水分在重力作用下呈稳定流动。

一般将前两个阶段结合起来，统称渗漏阶段。渗漏属于非饱和水流运动，而渗透则属于饱和水流的稳定运动。在实际下渗过程中，这两个阶段并无明显分界，各阶段是相互交错进行的。

（2）下渗率

下渗率又称下渗强度，水分自地表渗入土壤中的强度。下渗水量的多少与下渗率和时间长短有关。单位面积单位时间的下渗水量为下渗率，其主要影响因素有初始土壤的含水量、土壤质地结构、降雨强度。

在特定土壤下，下渗持续时间一定，下渗的水量还随供水充足与否而变化。例如，在一次降雨过程中，降雨强度是变化的。又如，灌溉供水或始终保持地面积水的淹灌。显然，在相同的下渗时间里，前者的下渗水量必小于后者，最多两者的下渗水量相同。为此，需要提出下渗能力与实际下渗率的概念。在充分供水（或地面有积水）和一定土壤类型、一定土壤湿度条件下的最大下渗率称为下渗能力，又称下渗容量。实际下渗率是指现时供水情况下的下渗率，其值小于等于下渗能力。在天然降雨情况下，降雨径流的下渗水量与实际下渗率的时间变化有关。

（3）下渗曲线与下渗量累积曲线

将下渗率记为 f，以 mm/min 或 mm/h 计。如图 3-9 所示，下渗能力随时间的变化过程线简称为下渗曲线，该曲线上 f_0 为初始下渗率。下渗最初阶段，水分被土壤颗粒吸收以及充填土壤孔隙，下渗率很大。随着时间的增长，下渗水量越来越多，土壤含水量也逐渐增大，下渗率逐渐递减。当土壤孔隙充满水，下渗趋于稳定，此时的下渗率称为稳渗率，记为 f_c。图 3-9 中的实线表示在充分供水的条件下两种不同粒径土壤的下渗曲线（称为下渗率过程线，也叫作下渗容量曲线），从图中可以看出土壤下渗率由大到小的变化过程。在充分供水的试验条件下，初始的下渗率 f_0 和土质有关，也与土壤的干湿状况有关。对于干燥土壤，f_0 一般可以达 70～80 mm/h。稳渗率只与土质有关，与降雨开始时的土壤含水量无关，如黄黏土的 f_c 为 1.0～1.3 mm/h，而细砂则可达 7～8 mm/h。

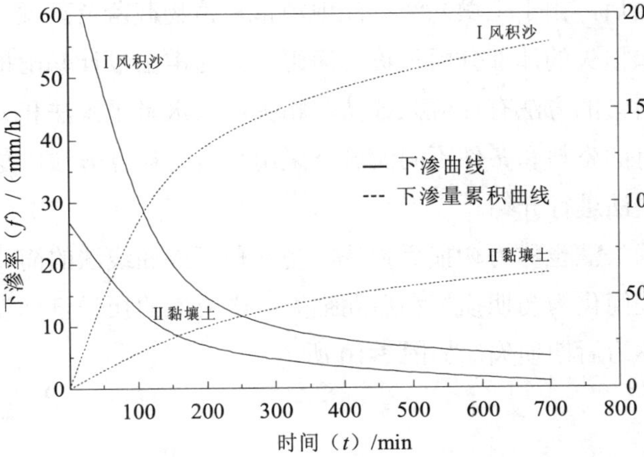

图 3-9　土壤的下渗曲线与下渗量累积曲线

上述的下渗规律可用数学模式来描述，如霍顿公式：

$$f = f_c + (f_0 - f_c)e^{\beta t} \tag{3-39}$$

式中：f—— t 时刻的下渗能力，mm/min 或 mm/h；

f_0—— 初始下渗率，mm/min 或 mm/h；

f_c—— 稳渗率，mm/min 或 mm/h；

β—— 递减指数。

实际工作中，只需通过试验确定 f_0、f_c、β 的值，便可按公式求得某处的下渗能力曲线。但需指出流域各处的下渗能力将随着土壤地质条件和土壤含水量的不同而有较大的变化。为反映这一实际，可用实测降雨径流资料反推流域平均下渗能力曲线来近似代表，或用下渗能力地区分布函数描述。

除下渗曲线以外，还可用下渗量累积曲线来表示下渗量在降雨过程中的变化。此曲线的纵坐标为自降雨开始至某时刻 t 为止的这一时段内的下渗总量，它随时间而递增，如图 3-9 中的虚线所示。下渗曲线和下渗量累积曲线之间，是微分和积分的关系。下渗量累积曲线上任一点的切线斜率表示该时刻的下渗率：t 时段内下渗曲线下面所包围的面积则表示该时段内的下渗量。

3.5.2.3 设计净雨量的推求

暴雨降落地面后，由于土壤入渗、注地填蓄、植物截留及蒸发等因素损失了一部分雨量，而未损失的那部分雨量称为净雨量。通常由设计暴雨推求设计净雨量，推求设计净雨量的方法有径流系数法、相关法、水量平衡法和分阶段扣除损失法。根据所具有的资料和条件不同流域可采用相应的计算方法。这里只对常用的分阶段扣除损失法进行介绍。

分阶段扣除损失法也称为初损后损法，是一种下渗曲线法的简化的方法。它把实际的下渗过程简化为初期损失和后期损失。产流前的损失量称为初期损失，产流后的损失量称为后期损失，如图 3-10 所示。

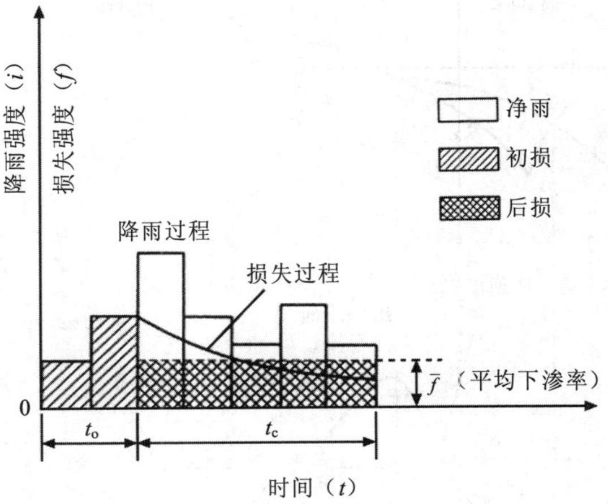

t_o—初损历时，h；t_c—净雨历时或产流历时，h

图 3-10　一次降雨过程初期损失、后期损失示意图

产流以前的总损失水量称为初损量，记为 I_0，包括蒸发、填洼、植物截留及产流前下渗的水量；后损量是流域产流以后下渗的水量，后损阶段的下渗率一般变化不大，将此时的下渗率以常数平均下渗率 $\bar{f}$ 表示，产流历时以 t_c 表示，二者乘积即为后损量。暴雨扣除损失后的流域净雨总量与流域出口断面的地表径流总量是相等的，于是一次暴雨经过扣除损失后的设计净雨量以净雨深（R）表示，按水量平衡方程可用式（3-40）计算：

$$R = P - I_0 - \bar{f}t_c \tag{3-40}$$

式中：P—— 一次暴雨的总降水量，mm；

I_0—— 初损量，mm；

$\bar{f}$—— 后损的平均下渗率，mm/h；

t_c—— 净雨历时或产流历时，h 或 min。

3.5.3　流域汇流

3.5.3.1　暴雨洪水形成过程

暴雨洪水的形成过程与径流形成过程是一样的，如图 3-11 所示。

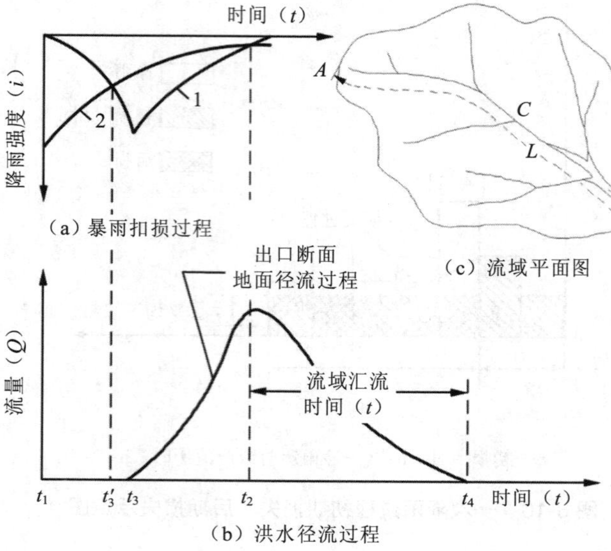

1—降雨过程；2—下渗过程；t_1—降雨开始；t_2—净雨终止；t_3—降雨开始；t_4—径流终止

图 3-11　流域径流形成过程示意图

在这次降雨过程中，在 t_1 时刻，降雨开始，当降雨强度逐渐增加，土壤由于雨水不断下渗，其下渗率逐渐降低，到 t_3'时，降雨强度恰等于当时当地的下渗率。从强度方面来看，地面开始产生径流。但由于此时尚未达到土壤的总吸水量，因此实际产生径流的时刻不是 t_3'而是稍后的时刻 t_3。此后，在流域面积上普遍开始产生径流，其水量不断增加，逐渐汇入河网。同时，主河槽不断汇集各地径流及沿途补充的降雨，并且水量由于沿途下渗与蒸发不断损失，最后流经出口断面，形成图 3-11（b）地面洪水径流过程。在这次降雨趋于停止时，降雨强度逐渐减小到稳渗率的程度，地面径流逐渐消失，此即净雨终止的时刻 t_2。由 t_3'到 t_2 的时间段又称为产流历时。但河槽集流过程并未停止，它包括雨水由坡面汇入河网，直到全部流经出口断面的整个过程，它的延续时间最长，比净雨历时和坡地漫流历时都要长得多，直到 t_4 时刻，由这次暴雨产生的洪水过程才算终止。由 t_2 到 t_4 这段时间称为流域最大汇流时间，以 τ 表示，即流域最远点 A 的净雨流到出口断面 B 所花费的时间［图 3-11（b）、图 3-11（c）］。

上述由净雨过程演变为出口断面的洪水流量过程，属于水力学中复杂的明渠不稳定流计算范畴，目前在水文分析计算中均经过适当的简化，采用近似方法求解。常用的方法有等流时线法、单位线法、随时单位线法和地载单位线法等。

3.5.3.2　等流时线原理

等流时线是在流域上绘制的一组等值线，每条等值线上各点的水质点，将同时到达出流断面。设某流域在单位时间 Δt 内有均匀净降水量 R，它向出口断面汇集的情况如下（图 3-12）：最靠近出口断面处面积 f_1 上的净降水总量 f_1R 最先流到，其次是稍远面积 f_2 上的 f_2R 流到，最后依次上溯到距离出口断面最远、汇流时间最长、靠近流域末端面积 f_4 上的水量 f_4R 最后流到。

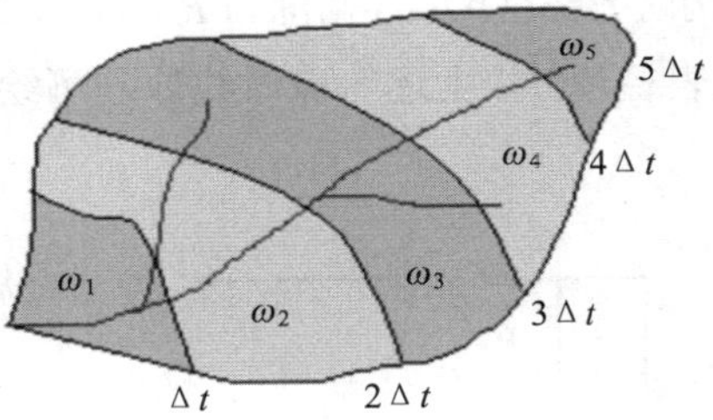

图 3-12　流域等时线示意图

设想划分这些面积的界线具有这样的特性，即落在线上的净降雨通过坡地和河槽流到出口断面所需的汇流时间都相等，并称为等流时线。由等流时线与流域分水线所构成的面积叫作等流时面积，亦称共时径流面积，以 f_i 表示，如图 3-12 所示。各等流时线到出口断面的汇流时间依次为 Δt、$2\Delta t$、$3\Delta t$，而该流域的最大汇流时间为 $\tau = 4\Delta t$ 。

因此，只要知道各时段顺序出流的共时径流面积 f_1、f_2 … f_4，就能计算出断面处的流量过程：$Q_1 = f_1 R / \Delta t$ 、$Q_1 = f_2 R / \Delta t \cdots Q_1 = f_4 R / \Delta t$ ，如将求得的各个流量点绘于各 Δt 时段末，连接这些纵坐标值就称为出口断面的径流过程线。

由于降雨、汇流等自然现象的复杂性，在流域上等流时线的位置不会是固定不变的。随着汇流速度的变化，等流时线的位置必然会发生变动，因而，计算中位置不变的等流时线只是相当于流域平均汇流速度时的等值线。

流域平均汇流速度可按$V=L/\tau$计算，式中 L 为主河槽长度，可从流域地形图上量得；τ 为流域最大汇流时间，如图 3-12 所示，$\tau=t_2-t_4$。t_4是最后一股地面水流到出口断面的时刻，而净雨终止时刻 t_2，对径流而言则是最后一股地面水在坡地上开始向出口断面流出的时刻。如全流域面积上同时均匀降雨，则流域最远处产生的净雨应该是最后流出出口断面的那一股水。

3.5.3.3 不同净雨历时情况下的径流过程

应用等流时线原理，根据净雨历时与流域汇流时间的大小在不同情况下的汇流过程分析如下：

（1）净雨历时小于流域汇流时间（$t_c<\tau$）

设一次均匀降雨的历时 $t_c=\Delta t$（h）；净雨深为 R（mm）；净雨强度 $i=R/\Delta t$（mm/h）。它在出口断面形成的地表径流，按上述等流时线原理可绘成如图 3-13 所示的地表径流过程线。

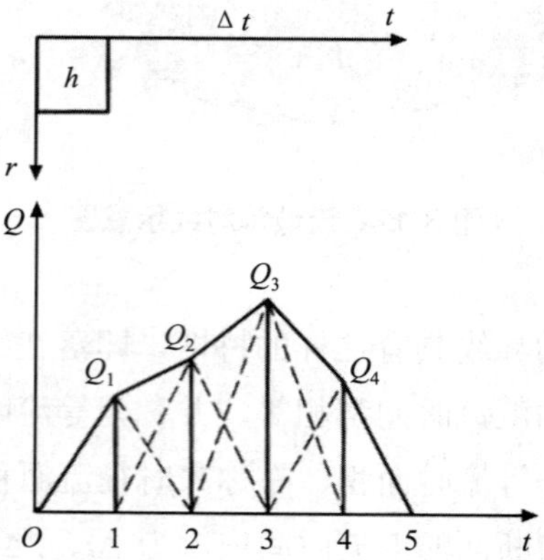

图 3-13 $t_c<\tau$时的出口断面径流过程

假设汇流时间为 $4\Delta t$，则可认为出口断面的径流分别为 4 块共时径流面积先后叠加而成，如图底边为 $O12$ 的三角形由 f_1 断面汇流形成，底边为 123 的三角形由 f_2 面积汇流形成，依此类推，而后叠加得径流过程线。比较各共时径流面积，可见 Q_3 最大，所以洪峰流量为

$$Q_3 = K \cdot \frac{R}{\Delta t} \cdot f_3 = K\bar{i}f_3 \tag{3-41}$$

式中：K —— 单位换算系数，如 Δt 以 h 计时则 K=0.278，如 Δt 以 min 计时则 K=16.7；

Q_3 —— 洪峰流量，m^3/s；

R —— 净雨深，mm；

f_3 —— 最大共时径流面积，km^2；

$\bar{i}$ —— 净雨强度，mm/h。

由此可见，当净雨历时小于流域汇流时间时，洪峰流量全部由净雨参与，但是只有部分流域面积上净雨汇集而成，即最大共时径流面积，故为部分汇流。

（2）净雨历时等于流域汇流时间（$t_c=\tau$）

同时假设净雨历时为 $4\Delta t$，汇流时间也为 $4\Delta t$，各时段降雨净深分别为 h_1、h_2、h_3 和 h_4，则出口断面的地表径流过程如表 3-4 所示。

表 3-4　$t_c=\tau$ 时出口断面的径流过程

净雨过程	流域出口断面径流出现的时序	流量过程线的横坐标（t）	流量过程线的纵坐标（Q）	产生径流的流域部位及其流量			
				f_1	f_2	f_3	f_4
	第一时段开始	0	0	0			
R_1	第一时段末	Δt	Q_1	$K\frac{R_1 f_1}{\Delta t}$	0		
R_1	第二时段末	$2\Delta t$	Q_2	$K\frac{R_2 f_1}{\Delta t}$	$K\frac{R_1 f_2}{\Delta t}$	0	
R_1	第三时段末	$3\Delta t$	Q_3	$K\frac{R_3 f_1}{\Delta t}$	$K\frac{R_2 f_2}{\Delta t}$	$K\frac{R_1 f_3}{\Delta t}$	0
R_1	第四时段末	$4\Delta t$	Q_4	$K\frac{R_4 f_1}{\Delta t}$	$K\frac{R_2 f_2}{\Delta t}$	$K\frac{R_2 f_3}{\Delta t}$	$K\frac{R_1 f_4}{\Delta t}$
0	第五时段末	$5\Delta t$	Q_5	0	$K\frac{R_4 f_2}{\Delta t}$	$K\frac{R_3 f_3}{\Delta t}$	$K\frac{R_2 f_4}{\Delta t}$
	第六时段末	$6\Delta t$	Q_6		0	$K\frac{R_4 f_3}{\Delta t}$	$K\frac{R_3 f_4}{\Delta t}$
	第七时段末	$7\Delta t$	Q_7			0	$K\frac{R_4 f_4}{\Delta t}$
	第八时段末	$8\Delta t$	Q_8				0

同理可作出径流过程线，如图 3-14 所示，由图可见洪峰流量出现于第四时段末（$t_c = 4\Delta t$），此时全面汇流产生的洪峰流量 Q_m 为

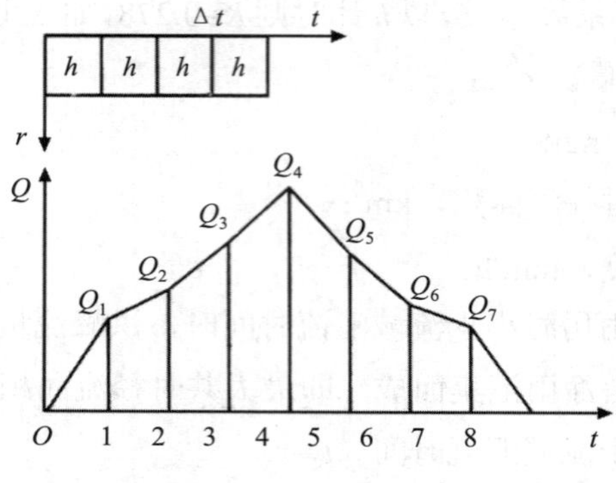

图 3-14 $t_c=\tau$ 时出口断面的径流过程

$$Q_m = Q_{14} + Q_{23} + Q_{32} + Q_{41} = K\left(\frac{R_1 f_4}{\Delta t} + \frac{R_2 f_3}{\Delta t} + \frac{R_3 f_2}{\Delta t} + \frac{R_4 f_1}{\Delta t}\right) \tag{3-42}$$

（3）净雨历时大于流域汇流时间（$t_c > \tau$）

仍假设汇流时间也为 $4\Delta t$，而净雨历时为 $5\Delta t$，为分析方便计算，取 5 个净雨时段的各净雨深相等，为 R，根据上述分析方法，各时段的流量如图 3-15 所示。由图可知，全部流域面积上为全面汇流，然而只有部分净雨参与 Q_m，即 Q_m 的数值与 $t_c=\tau$ 时求得的洪峰流量相同，只是它多延续了 1 个 t 时段，因而图 3-15 的过程线呈梯形。

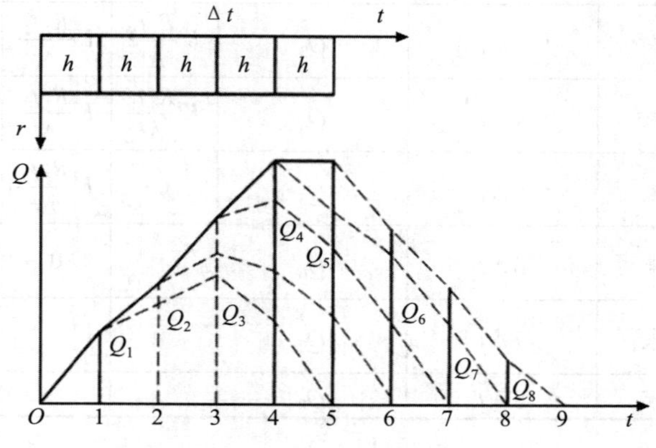

图 3-15 $t_c > \tau$ 时出口断面的径流过程

3.5.4 暴雨洪峰流量常用的公式及水文手册的应用

从以上不同净雨历时推得的地表径流过程可以得出两个重要的结论：①当 $t_c < \tau$ 时，属于部分汇流产生洪峰流量，其值应为

$$Q_m = K\bar{i}f_m \tag{3-43}$$

式中：K —— 单位换算系数；

$\bar{i}$ —— 净雨平均强度，按 τ 时段内最大的平均暴雨强度考虑，用洪峰径流系数扣除损失，$\bar{i} = \Psi i_\tau$（i_τ 为历时 τ 的暴雨平均强度）；

f_m —— 最大共时径流面积，km^2。

因此，在部分汇流情况下，最大洪峰流量的大小与出现时间都与流域形状有密切关系。

②当 $t_c \geqslant \tau$ 时，属于全面汇流产生洪峰流量，洪峰流量值为

$$Q_m = K\bar{i}F \tag{3-44}$$

式中：F —— 流域面积，km^2。

此外，总的地表径流历时 t_d，则无论是哪种情况，都等于净雨历时与流域汇流时间之和，即

$$t_d = t_c + \tau \tag{3-45}$$

式中：τ —— 流域汇流时间，h。

目前常用的暴雨洪峰流量公式有以下几种。

3.5.4.1 常用公式一

如图 3-11（c）所示，净雨沿 L 从 A 汇流到 B 的时间为 τ，当净雨历时 $t_c = \tau$ 时，按等流时线原理，可得洪峰流量为式（3-43）。

引入暴雨式（3-7），且 K=0.278，则式（3-45）可写为

$$Q_m = 0.278\Psi \frac{A}{\tau^n} F \tag{3-46}$$

式中：A —— 设计频率暴雨雨力，mm/h；

n —— 暴雨强度衰减指数；

Ψ —— 洪峰流量径流系数。

这是 1985 年北京水利科学研究院水文研究所推求设计频率洪峰流量的基本算式，适用的流域范围：在多雨地区，视地形条件一般为 500 km^2 以下；在干旱地区为 200 km^2 以下，但不能应用于岩溶、泥石流及各种人为措施影响严重的地区。

3.5.4.2 常用公式二

1976 年铁道部第一设计院、中国科学院地理研究所及铁道科学院西南所三家单位通过多次水文模型的专门试验表明，即使是规则的矩形流域，其共时径流面积与汇流时间之间也并非线性关系。共时径流面积增长速率并非常数。同时，净雨强度也随时间而变。通过理论分析与试验证明，洪峰流量发生的规律是：净雨强度和最大共时径流面积的乘积为最大时才能形成洪峰。可用图 3-16（a）的曲线表示净雨强度（i_1）随时间变化的关系，是非线性减函数。图 3-16（b）的曲线表示流域最大共时径流面积（f）随时间变化的关系，是非线性增函数。图 3-16（c）表示各对应时刻净雨与共时径流面积相乘形成流量的规律（该曲线不是流量过程线）。

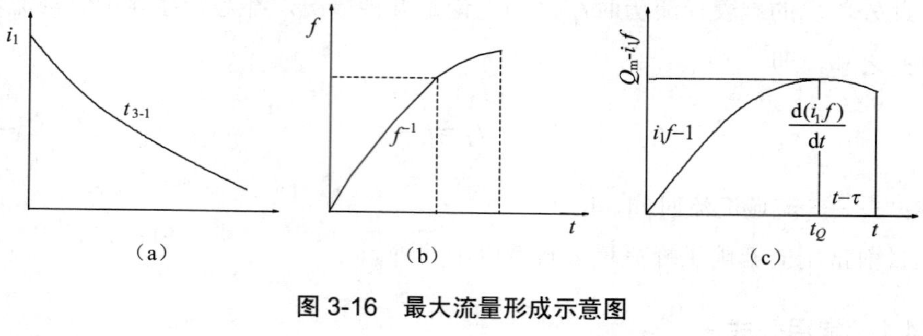

图 3-16 最大流量形成示意图

各时刻净雨和共时径流面积对应乘积所表示的流量 $i_1 f$，它沿时间坐标由小到大，到某时刻出现了流量的最大值。它的出现并不在 $t=\tau$ 的时候（不在 $f=F$ 的时候），而是在某一特定时间，这个时间称为形成洪峰时间，或称造峰历时，并以 t_o 表示。与其相应的（在 f-t 曲线上的）共时径流面积，就是形成洪峰最大共时径流面积，或称造峰面积。因此，洪峰流量（Q_m）的基本计算模式应表示如下：

$$Q_{\mathrm{m}} = [i_1 f]_{\max} = [i_1 f]_t = t_Q \quad (3\text{-}47)$$

据此原理推导，得洪峰流量 Q_{m} 的计算公式为

$$Q_{\mathrm{m}} = 0.278 \frac{\Psi A}{t_Q^n} PF \quad (3\text{-}48)$$

$$t_Q = P_1 \tau \quad (3\text{-}49)$$

令 $k_1 = 0.278AF$ ，则

$$Q_{\mathrm{m}} = k_1 \Psi P t_Q^{-n} \quad (3\text{-}50)$$

$$t_Q = P_1 \tau \quad (3\text{-}51)$$

式中：P —— 造峰面积系数；

t_Q —— 造峰历时，h；

P_1 —— 造峰历时系数。

该暴雨洪峰流量计算公式，适用于西北各省（区）以及流域面积小于 100 km^2 的小流域。

3.5.4.3　水文手册的应用

各地区水文手册一般包括自然地理及气候条件、降水量、径流量、蒸发量、暴雨、洪水、泥沙、水化学和冰情等项目的特征值或分布情况，进行短缺资料情况下的水文计算时可以查阅使用。但因手册中所提供的数值仍比较粗略，并且缺少小河流的径流资料，因此对于重要的给水排水工程，仍然需要进行详细的实地勘察和计算工作。

水文资料的收集除借助于水文手册以外，还有各省（区）刊布的逐年水文资料汇编。如需要当年尚未整理与刊布的水文资料，可直接向各地水利部门或水文站咨询收集。一般在水文部门刊布的水文年鉴中只有蒸发与降水两项气象资料，如需要详细的气象资料，可向当地气象台站了解收集。

第 4 章　洪水模拟与预警

4.1　洪水模拟与预警的意义

准确的洪水模拟与预警，是保护蓄滞洪区内人民生命财产损失的重要措施。洪水模拟与预警是建立在掌握洪水的形成和运动规律上的，洪水的形成和传播特性是洪水最重要的物理属性，利用这一属性，能够预见洪水的形成和发展。

洪水的模拟与预警是防洪决策的科学依据，随着水库、堤防等防洪工程的兴建，为了充分发挥防洪工程的作用，现代意义上的洪水模拟与预警迅速发展，并在模拟与预警的支持下进行洪水调度，形成洪水预报调度系统。洪水预报调度系统现已成为防洪工程系统运行中不可或缺的支撑条件。如果把防洪工程视为防洪系统的硬件，则可把洪水模拟与预警调度视为防洪系统的软件。

借助洪水模拟与预警调度系统，防洪工程可改变洪水特性，如削减洪峰、延长洪水传播历时等。也可使沿河居民有较多时间根据洪水情势采取有效防洪措施或及时撤离将被淹没的地区。

根据世界气象组织（WMO）的估计，洪水模拟与预警调度系统在全球防洪减灾的贡献率为防洪总效益的 10%～15%。许多国家都有先进的洪水模拟与预警系统。在挪威，除了大坝和工程措施，还有一个电视频道可以以降雨径流、河流演算、水库调节和演进模型为基础，预报洪水情况，以此来补充工程措施。

4.2　实时洪水模拟与预警

4.2.1　实时洪水模拟与预警分析

利用遥感和 GIS 作支持辅助确定洪水预报模型参数的方法和途径，为实时洪水预报时模型参数确定创造了条件，但在实际洪水实时预报时，为提高预报精度，还需要利用实际洪水资料对模型参数进行率定校正，以减少模型的计算误差，同时在实时预报时还要加上校正预报模型来进一步提高预报可靠性。本节主要开展实时预报问题的研究，并且探讨实时预报模型参数分组智能选取的方法，为提高模型预报精度提供了途径。

4.2.1.1　洪水预报和预警分析

洪水预报作为防洪辅助决策的基础，也是防洪减灾非工程措施的重要组成部分，它是在人类与洪水灾害斗争的长期实践中发展起来的。近年来，随着计算机技术的广泛应用，信息采集和自动化程度的提高以及洪水预报理论、技术与方法的深入研究，使我国洪水预报水平有了较大的提高和发展。洪水预警则是在洪水预报基础上，对可能造成危害的超出警戒线洪水发出预警。水文情势预测预报工作在防洪非工程性措施中发挥了无法替代的重要作用，它依据暴雨洪水理论分析，以快速水情信息采集和传输以及模型分析计算为基础，其预报精度直接影响人民生命财产的安全和所能取得的效益。因此水文预报方法一定要力争做到真正地反映客观的实际规律，各种预报模型要概念正确，参数的物理意义要明确合理。洪水预报系统通过与遥测站网数据耦合联动，实现了洪水演进实时监测、动态分析预警、三维仿真展示和避险转移方案生成，为防汛决策和应急处置提供了一套较为经济、高效的解决方案。

洪水预报要做到有较高的精度，并且尽量要有较长的预见期。一个完好的洪水调度必须依靠及时、准确的水情测报信息以及洪水预警和预报成果。目前洪水预报方法，主要是依据上游出现的水文情况和已降落到地面的雨量，采用流域与河道内的流体力学和水量平衡原理，借助土壤、地貌、河网的特征进行产流和汇流演算，计算下游断面的水位、流量过程（包括洪峰、总量）。因此，在一个流域内要进行洪水预报工作，首先要有一个完整的雨量、水文收集站网，其次要有利用经历史资料验证过的预报模型和方法。洪水预报的预见期是以上游洪水向下游传播时间或由降雨形成洪水过程的滞留时间为依据的，对于中小流域或区间的洪水预见期较短，要利用各种方法延长预见期。通常希望利用降雨的预报来延长洪水预报的预见期。随着短期降水预报精度的提高，在延长洪水预报预见期方面，将逐渐发挥更大作用。

目前洪水的预报、预警工作大致可分为 5 个阶段：第 1 阶段是在有暴雨的天气形势或有台风影响时，根据降水的定量预报或可能的降水量进行洪水的趋势预报，使防汛部门心中有数，做好思想准备；第 2 阶段是根据已经降雨的实时信息，逐时段地用降雨径流的模型连续做洪水预报；第 3 阶段是在上游已经出现洪水时，用相应水位（或流量）得出下游河段的洪水预报；第 4 阶段是出现的实况（观测值）与预测值有较大差别时，做出实时校正预报；第 5 阶段是采用工程调洪措施后，其可作为调整的洪水的补充预报。这 5 个阶段的预见期将会越来越短，但预报精度会逐步提高。

根据洪水预报的结果，与历史上发生过的洪水进行比较，要与主要河段的特征资料等加以对比，并要与水库、闸阀等工程设计特征资料对比，以做出本次洪水是否超过防洪标准、工程是否安全、是否需要或采取何种防洪部署等判断，同时要进行洪水优化调度分析。

总之，流域洪水预报是人们和洪水抗争的基础，正确洪水预报是减轻洪水灾害的必要保证。目前人们还不能完全控制洪水，因此洪水预报在防汛工作中就显得十分重要。在水库调度过程中，洪水预报工作也非常重要，它是水库防洪调度的基础。正确、有效地预防洪水，可使水库通过发电等途径预泄洪水，减轻洪水对水库及下游的危害，增加水库防洪发电效益，有利于水库的防洪决策和优化调度。

4.2.1.2 实时洪水预报系统分析

随着计算机技术、信息采集技术的发展，目前在洪水预警中已趋向采用洪水预报系统来进行洪水预测和预报工作。一个流域的洪水预报系统要求做到功能齐全，既能做到模型参数率定，又能进行实时预报，还可以进行实时校正，适应性强。系统中预报模型要适用于预报流域，要能进行参数率定与实时预报等功能，并且自动化程度高，要能与实时信息接收和处理系统及调度计算模块相连接，在较短的时间内（几分钟或十几分钟）做出预报。

流域洪水预报系统模块主要以水文遥测系统为主要信息源，以历史暴雨洪水数据库作支持，根据流域的暴雨情况、土壤水状况等信息，借助于概念性教学模型，在计算机上进行流域降雨径流预报。该模块与流域水文遥测系统相关联，利用水文遥测信息，借助于洪水预报模型，实现流域的洪水预报以及水库洪水模拟调度等功能的洪水预警系统模块，整个系统结构如图 4-1 所示。

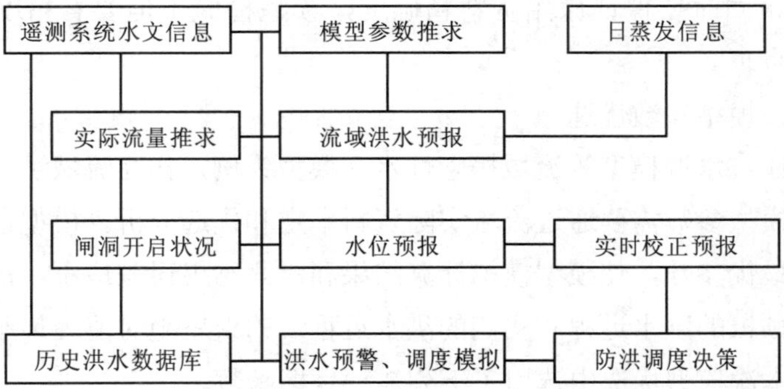

图 4-1　实时洪水模拟预测系统结构

4.2.2　实时洪水预警模型参数分析及系统设计

4.2.2.1　实时洪水预报模型及参数优选

（1）实时洪水预报模型的选用

随着计算机技术的发展，目前普遍采用概念性模型来模拟径流形成过程，并已涌现出多种水文模型，这些模型的建模思路和构造各不相同，但都力图反映径流的形成规律。此类模型目前在我国有影响的主要有 Sacramento 模型、Tank 模型以及我国的新安江模型。这些模型结构虽有差别，但依据的基本原理是相同的，模拟所达到的精度也是类似的，并且随着计算机技术的发展，这类模型的结构正在趋于一致，与产流理论相接近，如新安江三水源模型就吸取了 Sacramento 模型的思路，水源划分时增加了壤中流，自由蓄水库用分步长来消除差分误差等，使模型之间差别逐渐减小。

目前概念性水文模型均取得了较好的模拟成果，但世界气象组织对世界上有代表性的10个概念性模型验证对比的结果表明，目前还没有一个模型能够模拟所有水文情况。这是由于无论采用什么模型都可以找到若干次模拟误差很大的洪水。因此我们在研制或选择模型时，首先要使模型有明确物理概念，结构合理，参数含义明确；其次模型结构要尽可能简单，参数不宜太多，并且便于优选；最后模型的通用性强、灵活性大，便于在不同气候区和不同下垫面状况下流域应用，同时要保证原始资料精确度，模型检验不但要看精度，而且要看其结构是否合理。

（2）预报模型参数优选

以新安江三水源模型等流域概念性水文模型为例，作为流域洪水预报预警的实用模型，模型参数需要通过流域实际资料率定和优选分析。模型参数优选，就是寻求一组最优参数，使模型模拟计算结果和实测结果误差最小。洪水预报关键是要使模型预报的洪水过程和实测的洪水过程线的误差绝对值为最小，为反映这个误差，在本次模型优选中选用了下列3种目标函数。

目标函数1——总量误差（ΔR）：产流量计算的相对误差，即水量平衡差。

$$\mathrm{OB}_1=\sum_{i=1}^{n}\left(R_i-r_i\right)\Big/\sum_{i=1}^{n}R_i \tag{4-1}$$

式中：R_i—— i 时段的实测产流量；

r_i—— i 时段的计算产流量。

目标函数2——绝对值误差（ABS）：流量过程线上计算和实测流量误差的绝对值除以实测流量的总和。

$$\mathrm{OB}_2=\sum_{i=1}^{n}\left|Q_i-q_i\right|\Big/\sum_{i=1}^{n}q_i \tag{4-2}$$

式中：Q_i—— 同时段的计算流量值；

q_i—— 同时段的实测流量值。

目标函数3——对数误差（LOG）：流量过程线上计算值和实测值对数的误差与实测值的对数之和的比值。

$$OB_3 = \sum_{i=1}^{n} \left| \log Q_i - \log q_i \right| \Big/ \sum_{i=1}^{n} \log q_i \tag{4-3}$$

上述这 3 个目标函数中，目标函数 1 较好地实现了对洪水过程总量的控制；目标函数 2 绝对值误差对洪水过程的高水部分作用较大，对洪峰拟合的作用明显；目标函数 3 对数误差则主要反映低水过程计算误差。因此上述 3 个目标函数综合应用可实现对洪水过程线误差控制。

前面探讨了应用遥感信息确定水文模型参数方法，这为无资料地区的水文模拟创造了条件。但在实际洪水模拟预报预测时，为了提高洪水模拟预报的精度，仍采用实际资料率定参数的分析方法。目前概念性模型参数的优选方法主要有人工优选和计算机自动优选两类。人工优选是一种试凑法，就是根据模型使用者的经验，设置一组模型参数初值，在计算机上模拟计算，然后根据计算误差对各参数进行调整，最后优选出最优参数值。该方法计算简单，但优选时间长，工作量大，并且要依赖于使用者的经验。计算机自动优选是基于最优化理论的一种计算方法，在参数物理意义范围内，让机器自动寻求最佳参数值。目前水文参数优选中应用最多的有带约束的数值法，一维优选中多采用黄金分割法，多维寻优中主要采用坐标轮换法、最速下降法、步长加速法等。由于水文参数寻优计算较为复杂，一般无明确解析表达式，同时许多参数独立性差，使很多方法难以奏效。机器自动优选的优点是运行速度快、寻优时间短，但由于许多水文参数之间相互关联，优选过程较为复杂，单独使用机器优选的结果并不理想，因此一般采用两者相结合的方法。

4.2.2.2　实时水文模型参数分析

（1）模型参数率定分析

影响径流形成因素错综复杂，既有气象方面的因素又有下垫面自然地理方面的因素，并具有很大的随机性。目前概念性模型及参数仅有系统识别、参数优选的方法，优选的参数只是各场洪水平均最优情况，很难对每场洪水的拟合都有较高的精度，因此模型对某些洪水模拟效果不好。所以，在实际洪水模拟预报时，预报专家往往根据当时下垫面特征、天气状况将模型的初始参数值做适当调整，以便提高预报精度。

（2）模型参数分组确定

由于影响径流形成的因素复杂多变，当概念性水文模型的模型结构确定后，模型参数对径流的影响就显得十分重要，在相同降雨输入情况下，不同参数即产生径流输出。虽然参数有明确的物理意义，但目前尚不能直接测得，只能通过系统识别、参数估计以及优选方法加以确定。参数既反映流域的下垫面特征，也和流域气象水文条件关系密切，不同水文特征的流域的参数必然是不同的。即使在同一流域中，相同雨量而不同降雨强度、雨型和历时、不同初始土壤水状况都会导致不同的产汇流特性，从而使得模型参数产生差异。因此，对于某场洪水拟合很好的参数不一定完全适用于另一场洪水。可见对影响参数取值的外界条件进行归纳，分类找出特定条件下的参数最优值，建立各种外界条件下的模型参数判别信息库，在模拟预报时，则根据不同气象和下垫面状况等外界条件自动选取相应参数值，使模型参数初步具有人工智能，这对于进一步提高预报精度是十分有益的。流域内土壤、植被以及河道水系等下垫面自然地理因素在短期内变化一般不大，而引起各场洪水产汇流特性产生差异，且影响模型参数特性变化的原因主要是流域气象因素和土壤水状况。因此有必要分析模型参数和上述因素的关系，根据预报专家经验和模型参数的特性，分析流域各种降雨特征、土壤水状况下模型的最优参数值，这是提高洪水预报精度的关键。

此外，径流形成过程错综复杂，各因素对产汇流过程的影响也是交织在一起的。因此在单因素统计分析基础上，再综合分析这些因素对模型参数的影响，并将各场洪水优选出的参数通过分析比较，将外界条件大致类似，参数值大致相同的类型进行归类合并。参数合并时，在保证其物理含义下，大致取其平均值，同时考虑接近洪水误差较小的那些参数的数值，最后分别归类统计出模型参数和外界条件都较为相似的模型参数值。

4.2.2.3 设计洪水的随机模拟分析

基于上述分析再采用 K-means 聚类法把洪水过程分成了 3 类，并应用蒙特卡罗法对不同类型洪水过程进行随机模拟，获取了考虑不确定性的大量水库设计洪水过程，推求水库不同风险系数下水库防洪调度规则。得出的不同时期、不同类型洪水的模型参数值，即可建立模型参数自动判别选择智能模块。由于这些参数是在各种类型下分析得出的，因而对各种类型洪水的适应程度较高。

蒙特卡洛随机抽样以概率统计理论为基础，是一种对随机变量进行数理统计实验及分布概率模拟，从而近似求解得到预测值的方法。因此本书采用蒙特卡洛随机抽样并结合高超等论文中提及的不同类型洪水过程线的随机模拟方法，进行多维不确定性下设计洪水的计算。步骤如下：

①用最大似然法估计联合分布函数 $H(x, y; \theta)=C[F(x; \theta_x), F(y; \theta_y); \theta_0]$ 的参数向量 $\theta=(\theta_x, \theta_y; \theta_0)$。式中，变量 x 与 y 为年最大洪水峰值与量级。

②基于上述联合分布函数，应用蒙特卡洛方法，从中抽取与实测数据长度相等的 2 维样本，随机抽取 N 次。

③采用最大似然法估计每组模拟样本的参数，得到 N 组联合分布函数参数向量。

④在每一种参数向量下，计算不同重现期类型下的二维联合设计值。

⑤为了移除洪峰、洪量等特征量的影响，将流域内收集的洪水过程线进行无量纲化处理。

$$\tau=\frac{t}{T}, \quad F_\tau=\frac{W_t}{W_\mathrm{T}} \tag{4-4}$$

式中：T —— 洪水历时；

τ —— 时刻 t 的无量纲时间，$\tau\in(0, 1]$；

W_T —— 一场洪水的总洪量；

W_t —— 时刻 t 的累积洪量；

F_τ —— 无量纲累积洪量，即洪量随时间的累积百分比，$F_\tau\in(0, 1]$。

⑥将无量纲后的洪量累积曲线均分为 K 个时段，此时无量纲时间 τ_i（$\tau_i=i/k$, $i=1, 2, \cdots, K$）对应的无量纲累积洪量为 F_i，则每个时段的无量纲洪量为 $P_i=F_i-F_{i-1}$。将每场洪水过程每个时段的 F_i 或 P_i 作为输入，采用基于欧式距离的 K-means 聚类法对其进行分类，这种方法不仅简单、容易操作，而且分类效果较好。

⑦对于分类后的洪水过程，由于其无量纲化后的洪水过程线通常是相关的非正态变量，直接模拟比较困难。因此，先将其进行对数转换，将受约束的相关非正态多变量转换为不受约束的相关非正态多变量，采用 Johnson 系统函数进行正态转换将其转换为相关标准正态多变量，再通过 Cholesky 分解进行正交转换将其

转换为独立的标准正态多变量，最后采用蒙特卡洛模拟生成独立的标准正态多变量，进行逆转换。

⑧将生成的无量纲洪水过程线与模拟得到的洪峰、洪量采用变倍比放大的方式融合，从而可以生成完整的洪水过程。

经过以上步骤，则可以获得若干条设计洪水序列，且与实测洪水过程接近。

4.2.2.4 洪水预警模型系统设计

洪水预报预警系统主要是指利用 GIS 技术进行可视化开发的系统，该系统基于具有高分辨率的人口分布图、遥感影像及村镇、工厂等各种区位分布图，通过获取降雨等水情相关的数据，实现对洪水的预报预警。洪水预警模型系统设计包括系统逻辑结构设计、系统功能模块设计以及系统数据库设计。

系统逻辑结构设计包括对系统业务层、显示层及数据层 3 个层次的设计。业务层主要用于对雨情信息、降雨过程、水位监测等业务的查询。数据层主要用于对数据的存储及处理，能够有效为业务层和显示层进行服务，为其提供数据支持，因而数据层是系统逻辑结构设计的基础。显示层主要用于系统展示，并能够实现人机交换。系统逻辑结构的 3 个层次之间相互独立，又具有密切的联系，因而在系统逻辑结构设计方面应注重整体与部分的关系，科学地进行设计。

系统功能模块主要涵盖数据处理、数据管理、洪水模拟、数据分析、查询、动态推演与预警六大模块，实现了数据的预处理、地图的加载、图层的管理、图像的放大/缩小/平移、暴雨的模拟、溃坝的模拟、淹没面积的计算、淹没体积的计算、淹没水深的查询、降水量的查询、动态推演与预警等重要功能。在洪水预报过程中，应采用科学的方式方法，例如，降雨径流相关法能够用于对流量和水位的预报，在预报过程中，为保障预报数据的精确性，应根据实时情况，不断进行数据调整。洪水预警模块涵盖预警指标、预警信息、预警责任人等方面的管理，预警一定要根据紧急情况不同，采取不同措施。图 4-2 为系统功能模块设计技术路线。

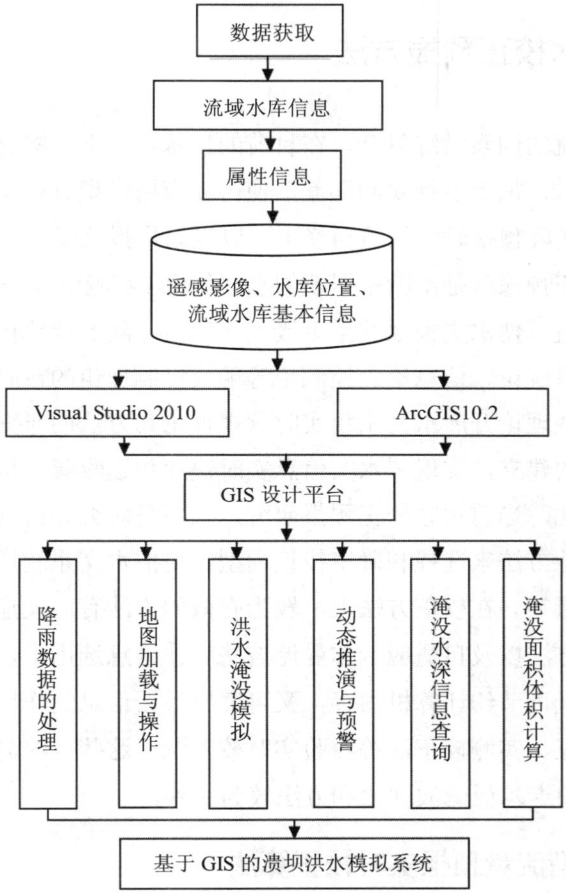

图 4-2　系统功能模块设计技术路线

系统数据库设计包括属性数据库设计及空间数据库设计。空间数据库设计时，应着重分析空间数据的存储位置及数据之间的拓扑关系。从某种意义上讲，空间数据库设计是将抽象数据模型具体为数据库的过程，因而，在空间数据库设计时，应重点加强结构设计和数据层设计，在设计前，应进行有关需求分析。属性数据库设计应重点加强概念设计及逻辑设计，也应做好需求分析和物理设计。

4.3 实时洪水校正预报方法

由于影响径流的因素错综复杂，在目前的技术水平下，概念性模型还不能完全模拟每一场洪水，加上各种观测误差，使得在应用模型进行洪水预报时存在一定的误差，为此实际预报时应做适当修正，以提高预报精度。

实际水文校正预报就是不断根据新的水文信息（实测值），来校正和改善原有水文模型或计算值，使水文预报结果更接近实测值。随着计算机在水文预测领域的广泛应用以及系统论、信息论、控制论等现代控制理论的日趋完善，在水文中已广泛地应用这些理论开展水文系统实时预报理论和方法的研究。目前，随着水文自动遥测系统的建立，实现了水文信息实时快速传递收集，这为水文实时预报创造了条件。因此，当前实时校正预报研究，主要是研究如何利用控制论中的系统辨识和最佳估计方法来选择和确定校正模型。目前水文系统通常所选用的状态变量有水位、流量等。在校正方法上，较为有效的方法有广义递推最小二乘法、贝叶斯实时校正方法以及自适应卡尔曼滤波法。在信息选用上，多采用衰减记忆实时预报，这样既可节约计算机内存，又可突出最新信息的作用。此外，目前还使用一些调和校正、实测校正法等经验实时校正法，这些方法简单实用，校正的效果也不错，其中卡尔曼滤波理论和方法较为完善。

4.3.1 水文模型流量预报实时校正算法

当模型预报流量与实际反推的入库流量相比有较大的系统误差时，可以采取传统的相关分析方法，直接模型预报流量与反推的入库流量建立洪水预报的相关校正模型。

首先，对实测流量与预报流量进行相关分析，计算相关系数，其公式为

$$r=\frac{\sum_{i=1}^{n}(Q_{预i}-\overline{Q_{预}})(Q_{实i}-\overline{Q})}{\sqrt{\sum_{i=1}^{n}(Q_{预i}-\overline{Q}_{预})^{2}\sum_{i=1}^{n}(Q_{实}-\overline{Q}^{2})}} \tag{4-5}$$

其次，可以采用比较简单的线性相关分析方法进行分析，其线性相关方程为

$$Q_{实}(t) = a + bQ_{预}(t) \tag{4-6}$$

$$a = \overline{Q_{实}} - b\overline{Q_{预}},\quad b = \frac{\sigma_{实}}{\sigma_{预}} \tag{4-7}$$

$$Q_{预}(j),\ \overline{Q_{预}} = \frac{\sum_{i=1}^{n} Q_{预}}{m} \tag{4-8}$$

式中：$Q_{预}$—— 水文模型预报流量；

$\overline{Q}_{预}$—— 水文模型预报流量的平均值；

$Q_{实}$—— 实测流量；

$\overline{Q}_{实}$—— 实测流量的平均值；

$\sigma_{预}$—— 水文模型预报流量的均方差；

$\sigma_{实}$—— 实测流量的均方差。

该方法比较简单，物理意义明确，没有需要率定的参数，容易编制程序，所有参数在程序中都可以直接计算。但是，由于其数学理论性不强，因此在使用过程中会出现累计误差，当预见期较短时，校正效果较好；若预见期较长，则校正效果不明显。对于有多个水文站的较大流域，不适宜采用此方法，原因是无法利用流域内其他信息，同时对于流量陡涨陡落的流域也不适宜采用此方法。

4.3.2　误差自回归校正算法

若预报值与实测值之差是一系列随时序变化的数值，则称其为误差序列，可用时间序列分析的方法寻求表示其变化规律的模型。利用水文模型的预报流量序列{$Q_{预}(j)$，j=1，2，…，t}与实测流量序列{$Q_{实}(j)$，j=1，2，…，t}的残差序列{$e(j)$，j=t+1，…，n}建立残差预报模型，将预报的残差叠加到预报流量{$Q_{实}(j)$，j=t+1，…，n}上，完成流域洪水预报校正，从而提高洪水预报的精度。此方法理论上比较简单，但应用上非常广泛，其具体流程如图 4-3 所示。

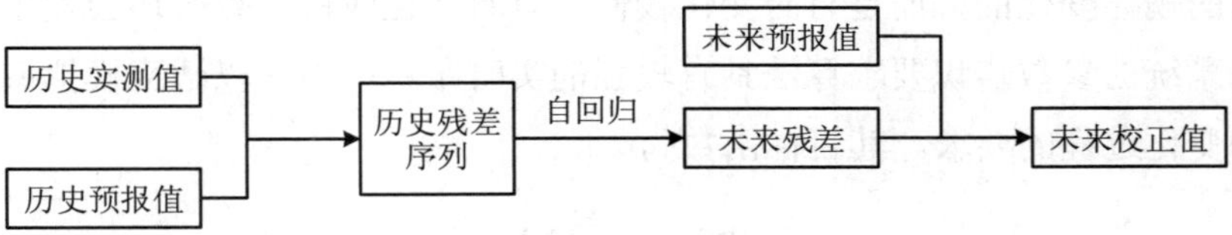

图 4-3　自回归修正流程

将误差序列排序后可知，第 1 行和第 2 行有 $n-1$ 项是对应的，第 1 行和第 3 行有 $n-2$ 项是对应的，依此类推。将两行内对应项乘积的期望值称为自相关函数。相隔 $k+1$ 行的自相关函数表达式为

$$R(k)=\frac{1}{n-k}\sum_{i=1}^{n}e_t e_{t+k}=E(e_t e_{t+k}) \tag{4-9}$$

标准化处理的自相关函数表达式为

$$e_t=b_1 e_{t-1}+b_2 e_{t-2}+\cdots+b_n e_{t-n}=\sum_{i=1}^{n}b_i e_{t-i} \tag{4-10}$$

自回归系数 $b_1 \sim b_n$ 的求解可以通过方程组求解，由已知的误差序列可以求出各阶自相关系数值 r（1）～r（n），由尤尔-沃尔克方程组可求出自相关系数。自回归的阶数可以通过实际情况来确定，模型可以确定系数，也可以加入对不断反馈的信息处理而成为变系数的时变模型。

4.3.3 递推最小二乘法

递推最小二乘法的核心是根据实时输入的信息更新预报误差的权重，从而达到实时校正的目的，根据可利用的误差序列的长短，递推最小二乘法可分为有限记忆递推最小二乘法、衰减记忆递推最小二乘法、时变遗忘因子递推最小二乘法。在此给出衰减记忆递推最小二乘法的计算方法。为了准确构建参数在实时模拟中的变化及其与径流的映射关系，通常采用在线识别技术解决参数随时间变化的问题。其中，基于最小二乘的递推算法最为常用。该方法每轮递推的模拟值均是参数的无偏有效估计量。基于最小二乘递推算法计算出的参数应用在水文模型中得到的径流在任意时刻，与实际资料巧合的方差最小。

衰减记忆最小二乘法是将最小二乘目标函数的等权结构改为加权结构，加大信息对推导参数的作用。非确定的时变洪水系统中，其动态特性并不总是按照基本相同的规律变化的，而是有时变化较慢，有时变化较快，有时还会发生突变。对随机系统的参数辨识要求算法具有较强的实时跟踪能力，以适应模拟或预报洪水运动变化过程的要求。其目标函数为

$$\min E(\theta)=\sum_{i=1}^{n}\rho^{N-1}\theta_1^2 \tag{4-11}$$

式中：ρ —— 加权因子，$0<\rho\leqslant 1$，若 $\rho=1$，则为等权。

当从 N 组观测数据向（$N+1$）组递推时，最新观测数据 Φ_{n+1} 和 Z_{N+1} 的权重为 1，过去的 Φ_N 和 Z_N 必须乘以系数 ρ，使其权重衰减。

由于衰减记忆最小二乘算法固有的特性，因此其仅适用于缓时变系统的参数识别，对于非确定性动态水文系统模型参数跟踪乏力，容易形成参数在线跟踪的滞后性。

4.3.4 贝叶斯实时校正法

贝叶斯实时校正法利用先验分布描述自然条件下径流过程的不确定性，利用似然函数体现水文预报模型结构和参数的不确定性，根据先验分布和似然函数推导出后验分布，从而进行实时校正。贝叶斯方法的重点在于先验分布和似然函数的确定。根据前人研究成果，这里先验信息选择自回归滑动平均模型（ARMA）进行模拟，似然函数使用递推最小二乘法模型进行模拟。误差的分布基于线性正态假设进行描述。

令 $X=\left(x_1, x_2,\cdots, x_l\right)$ 表示在预报时刻 t 已知的实测流量过程；令 $S=\left(s_1, s_2,\cdots, s_k\right)$ 表示待预报的流量过程，k 为预见期时段数；令 $X'=\left(x'_1, x'_2,\cdots, x'_l\right)$ 为 X 的预报值，$S'=\left(s'_1, s'_2,\cdots, s'_k\right)$ 为 S 的预报值。则贝叶斯基本公式应用在实时校正上的形式如下：

$$\Phi_k\left(s_k \middle| s'_k, X, E\right)=\frac{f_k\left(s'_k \middle| s_k, E\right) g_k\left(s_k \middle| X\right)}{\int_{-\infty}^{+\infty} f_k\left(s'_k \middle| s_k, E\right) g_k\left(s_k \middle| X\right) \mathrm{d} s_k} \tag{4-12}$$

式中：E —— 实测流量过程与相应的预报流量过程的残差序列；

g_k —— 先验密度；

f_k —— 似然函数；

Φ_k —— 后验密度。

4.3.5 卡尔曼滤波法

运用现代随机估计理论给出系统状态的无偏差最小方差的递推估计值，根据使误差协方差矩阵最小的原则，给予实时预报一定的权重，用于校正系统的状态变量，以实现实时误差校正。在实时洪水预报中，可以作为状态变量的有洪水预报模型的参数、预报对象和预报误差等。卡尔曼滤波法实际上是一种线性无偏差最小方差估计法，可用于任何线性随机系统，并可综合处理模型误差和量测误差。

卡尔曼滤波法采用一个状态方程和一个量测方程来完整地描述线性动态过程，前者描述系统状态向量随时间的变化规律，后者采用函数关系反映量测向量所受到的噪声干扰问题，以系统状态空间模型为分析对象，根据系统模型和实际观测量，以现代随机理论为基础，对系统状态向量做出无偏差最小方差的递推估计。

采用卡尔曼滤波方法进行实时校正，其状态方程式：

$$X_k=\Phi_{k-1}X_{k-1}+G_{k-1}U_{k-1}+\Gamma_{k-1}W_{k-1} \tag{4-13}$$

量测方程为：

$$Z_k=H_kX_k+V_k \tag{4-14}$$

式中：X_k、X_{k-1} —— 分别为 k 时刻和 $k-1$ 时刻的系统状态向量；

Φ_{k-1} —— 状态转移矩阵；

G_{k-1}、U_{k-1} —— 输入矩阵；

Γ_{k-1}、W_{k-1} —— 模型噪声分配矩阵及模型噪声向量；

Z_k、H_k —— 观测向量和观测矩阵；

V_k —— 观测噪声向量。

设初始状态的统计特征为

$$\left.\begin{array}{l} E\,|\,X_0\,|=U_0 \\ \mathrm{Var}\cdot X_0=E[(X_0-U_0)(X_0-U_0)^{\mathrm{T}}]=P_0 \\ \mathrm{Cov}(X_0,W_k)=0 \\ \mathrm{Cov}(X_0,V_k)=0 \end{array}\right\} \tag{4-15}$$

根据实际观测值 Z_1，Z_2，…，Z_k，推求 X_{k+1} 的线性无偏最小方差的估计值。其中 $i<0$ 为内插，$i=0$ 为滤波，$i>0$ 为预报。

利用状态向量预测误差协方差矩阵 $P_{k|k-1}$、状态滤波误差协方差矩阵 $P_{k|k}$ 来表示估计误差，即

$$\left.\begin{aligned} P_{k|k-1} &= E[X_{k|k-1}X_{k|k-1}{}^{\mathrm{T}}] \\ X_{k|k-1} &= X_k - X_{k|k-1} \\ P_{k|k-1} &= E[X_{k|k-1}X_{k|k-1}] \\ X_{k|k-1} &= X_k - X_{k|k-1} \end{aligned}\right\} \tag{4-16}$$

式中：X_k —— 真值；

$X_{k|k-1}$ —— 根据 k–1 时刻的状态量计算得到的 k 时刻的预报量；

$X_{k|k}$ —— k 时刻的滤波值。

正规卡尔曼滤波技术是卡尔曼滤波技术的基础，也是目前应用较为广泛的，其对模型、观测噪声的统计特性做了一些界定，在实际使用时仍然存在各种各样的问题，因而滤波处理技术应运而生，如描述非线性系统的推广卡尔曼滤波法、为解决有色噪声而产生的状态变量扩维法和量测求差法等。

4.4　现代技术在洪水预报预警中的作用

4.4.1　“3S”技术在洪水预报预警中的作用

洪水预报是根据洪水形成和运动规律，利用水文和气象信息，预测洪水的发生与变化过程的应用科学技术。它是防汛抢险和防洪系统调度运用的决策依据，也为水资源的合理利用与保护、水利工程的建设和管理及工农业的安全生产服务。其主要预报项目为洪峰水位、最大流量、洪峰出现时间和一次洪水总量等。由于洪水的形成和演变受大气环流、海洋潮汐、各种地球物理因子、下垫面产流、汇流条件以及气候、气象预报等诸多因素的影响，且长期天气过程变化又受到其他更为复杂因素的影响，因此要做到及时又准确地进行洪水预报，对洪水预报人员来说难度很大。随着现代科学技术的迅速发展，尤其是计算机技术、网络通信技术、信息技术的发展更是日新月异，毫无疑问，21 世纪的防洪减灾面临巨大的挑战，也面临难得的发展机遇。为了充分利用这些现代高新技术，加快水利信息化进程，水利部提出“金水”工程，希望“用水利信息化推动水利现代化”。1990 年以后，随着计算机在水文预报领域中的应用和“3S”技术的发展，我国在洪水预报方法、预报系统建设和新技术应用等方面有了很大的进步，并取得了丰硕的成果。王佰伟等利用加里宁-米尔加科夫洪水演进方法建立了河道洪水流量和水位预报方法，为河道的规划设计和防洪调度提供了决策依据；周荻莎采用多变量综合相关分析法研制预报模型，综合运用地理空间信息系统、计算机网络应用、移动通信和系统集成等先进技术，实现了基于 ArcGIS 的防洪管理系统的开发应用，提高了流域的防洪排涝管理水平；张俊等利用 Microsoft Visual Studio NET 集成开发环境、基于 ArcObject 的 GE 嵌入技术和 SQL Saver 数据库设计，开发了汉江流域洪水预报系统，为汉江流域的防洪调度决策与水资源综合管理提供了重要的技术支撑。遥感、地理信息系统、全球定位系统等，是从 20 世纪六七十年代发展起来的，现已成为日臻成熟的空间信息处理技术。

4.4.1.1 在洪水预报预警中的作用

“3S”技术是遥感（Remote Sensing, RS）、地理信息系统（geographical information systems，GIS）和全球定位系统（global positioning systems，GPS）的统称，是空间技术、传感器技术、卫星定位与导航技术和计算机技术、通信技术结合，多学科高度集成地对空间信息进行采集、处理、管理、分析、表达、传播和应用的现代信息技术。它以 RS、GIS、GPS 为基础，利用这 3 种技术功能的互补性（图 4-4），将 RS、GIS、GPS 3 种独立技术中的有关部分有机集成起来，其功能更为强大，可实现对各种空间信息和环境息的快速、机动、准确、可靠的收集、处理与更新。

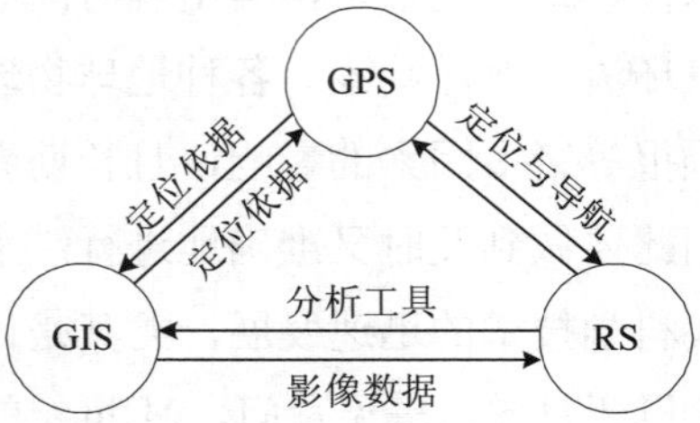

图 4-4 “3S”技术功能互补性

近年来，“3S”技术在我国的发展非常迅速，其应用领域遍及各个行业，在我国经济社会发展中发挥着重要作用。目前，“3S”技术在水利工作中也得到了广泛应用，如应用于及时有效地防洪减灾、水土流失调查预测和水土保持规划、水资源实时动态监测和科学管理、水利工程的勘察规划及维护管理、农田水利现代化等。

4.4.1.2 在数据采集中的应用

要使洪水预报及时、准确，数据采集至关重要。采用 GPS 定位技术可以建立被测区域的空间参考基准及基本大地控制网，并采集与更新被测区域的基础空间地理数据，提供洪水的静态和动态位置信息；利用 RS 技术，通过卫星资源可以获取被测区域的天气预报、土壤湿度、水体位置、植被等资料，并具有足够的空间精度和时间精度，RS 集成还可以提供洪水的影像目标定位信息；利用 GIS 信息处理系统，配合有效的预报模型可以完成气象水文、水资源信息的接收处理、形成可用数据，并存入数据库，为水文预报及信息服务、会议商议提供信息源。

4.4.1.3 在数字水文平台开发中的应用

在数字水文平台的开发中，GIS 地理信息平台为建设的基础平台，它是根据工程项目的需要选用某一 GIS 并在其基础上进行二次开发形成的。例如，黄河小花间洪水暴雨预警预报系统中地理信息系统的基础平台就是根据“数字黄河”工程建设的统一安排，选用 ArcGIS 并进行二次开发形成的。GIS 平台的建立可以有效地实现空间信息资源的共享，建立有效统一的基础空间数据库，减少信息资源的开发成本，提高信息利用率，并利用 GIS 对三维空间的真实表达及其对空间对象进行三维空间分析和操作的能力，在三维地理信息系统技术的基础上还可以搭建被测区域的数字高程模型平台，该平台可为被测区域的三维景观浏览、洪水演进及河道分析显示等系统提供基础。同时为了使预报的结果既实时又准确，利用 RS 提供被测区域的 4D 产品（数字矢置地图数据库 DLG、数字栅格线划地图数据库 DRG、数字高程模型数据库 DIM 和数字正射影像数据库 DOM），GPS 的精确定位和电子地图查询功能以及 GIS 的处理分析和应用空间数据的功能，将这 3 种技术集成构建遥感影像应用分析平台，实现遥感影像图纠正定位、引用参考、遥感影像图库和 GIS 地形图集成应用、遥感影像图空间数据库存储等功能。

4.4.1.4 在洪水仿真演进显示中的应用

洪水仿真演进显示是根据被测区域的水文、气象等数据，再结合雨情、水情、流域坡度及地表状况等综合信息，利用洪水演进动态显示技术，实现计算区域内外的洪水演进的动态显示。其利用 GIS 强有力的空间分析功能，可建立流域地面数字模型，并结合预测和实测的水情、雨情信息以及地表渗透情况，通过产汇流模型的运算，模拟不同级别洪水可能的演进过程。此外，基于 GIS 水利工程数据库信息和历史洪水及灾情信息，还可进行历史洪水反演。此项应用中包含了 RS 和 GIS 提供的洪水期不同时间的高分辨率遥感影像数据、流域各测站的监测数据和 GIS 中已有的矢量数字地图数据，通过对这些数据进行叠加和分析，获得流域洪水动态信息，可为洪水的调控决策提供依据或参考。此外，数字水利是水利公用信息平台上的应用系统，具有空间信息获取、更新、处理等多项功能：包括数据获取和更新体系、数据库体系、网络体系等，如图 4-5 所示。

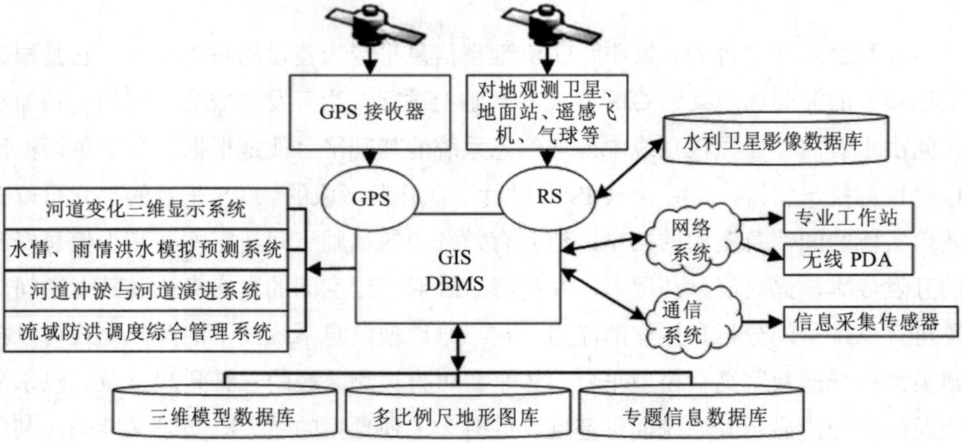

图 4-5 “3S”技术流域洪水数字系统总体框架结构

4.4.1.5 建立网上发布平台

网上发布平台是以 WebGIS 技术为基础构建的，可在 Internet/Intranet 上实现 G1S 的在线查询、数据共享和业务处理等功能。系统采用 C/S 结构（客户机和服务器结构)，可实现多用户的同时浏览、查询和使用；同时，各客户端可以针对不同流域、不同地区、不同的经济发展水平及基础设施状况，水资源管理中不同的重点问题设置不同的功能；服务器端可实时向各个客户端下达指令，各客户端可以实时分析和上传本地数据，辅助指挥中心的决策和实现数据的动态共享。

4.4.1.6　暴雨洪水模拟推演过程

图 4-6 为洪水淹没模拟推演的过程。为了模拟洪水径流的过程，选取以 GIS 技术为基础的水文模型，来模拟产生汇流的过程，在该研究区存在几个雨量站，通过水量数据得到研究区面雨量。获取得到面雨量之后，在水文模型中进一步进行数据处理，降雨从中心栅格向相邻栅格流入的分布形成了汇流。在这个过程中，雨水流动速度采用曼宁公式确定，整个流域分布分成很多个单元，通过计算每个单元的水量进而计算出整个流域的水量。

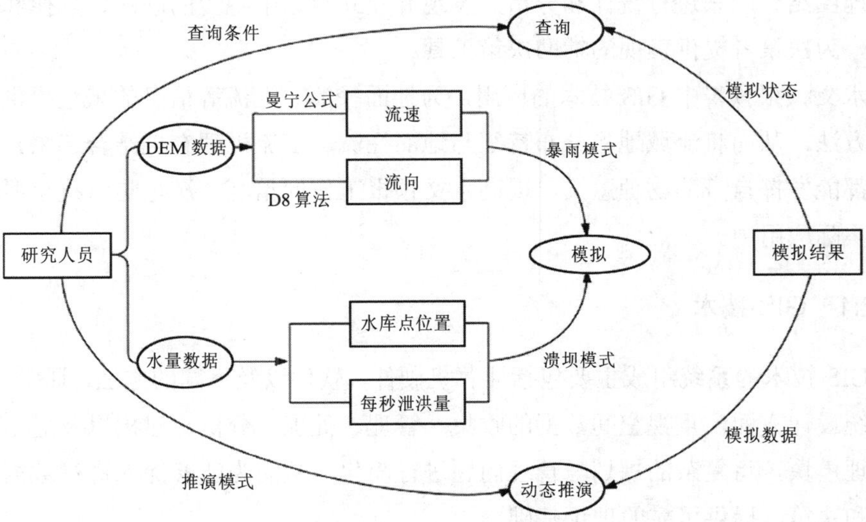

图 4-6　洪水淹没模拟推演过程

4.4.1.7　“3S”技术在洪水预报其他方面的应用

河道断面的形状变化等对洪水的形成和发展产生一定的影响，目前 GPS 已在江河、湖泊、水库的水下地形以及河道断面测量中得到广泛的应用，再结合 RS 和 GIS 技术，可以实现对河道变化方面的分析和三维显示。此外，“3S”技术在河道冲淤和河道演进、地表地下水监测、洪灾评估等方面也有重要的应用。

4.4.2 GIS 技术在洪水预报预警中的作用

水利部“十五”规划明确指出：“建设水利信息系统时，要以地理信息系统（GIS）为框架”。计算机技术、空间技术和通信技术的迅猛发展，给 GIS 的发展带来了极其深刻的变化。GIS 在水利信息化也就是水利现代化建设中起着重要的作用。应用 GIS 技术确定水文过程与地形状况的关系，确定洪水淹没区和安全区等地形数据；对河流、湖泊分布，对流量、流速、水位和流向等水文数据和气象数据的空间图形数据和属性数据进行统计分析，并提供专业指数及相关信息资料；应用 GIS 技术建立包含空间图形数据和属性数据的洪水预警报数据信息库。将数据与地图结合起来进行统计和分析，发现并建立数据中隐含的联系、规律和变化趋势，为决策者提供直观的辅助决策工具。

水文预报预警中 GIS 技术的应用，为地面径流、汇流等信息的采集提供了有效的方法，从而将流域地形分布特征与地面径流、汇流机理有机结合起来，使各参数都能发挥自身的物理意义，提高水文预报工作的精度，满足防汛抗旱要求，投入实际应用中。

4.4.2.1 GIS 技术

GIS 技术的系统组成主要包括计算机硬件、软件以及不同的方法，通常，GIS 在系统设计方面，重视空间数据的收集、管理、处理、分析、建模以及显示等各个处理模块，将复杂的规划与管理问题进行简化，从而为能够深入进行数据信息分析和决策，提供可靠的理论基础。

GIS 技术根据系统的基本功能，通常可以分为工具型地理信息系统与应用型地理信息系统两大基本类型，前者主要包括的是以 GIS 技术作为工具的，对数据实施输入、存储、处理、分析以及输出等处理工作的系统；后者则更加重视具体应用，可以进一步细分为地理信息系统、区域综合地理信息系统，要求根据具体的专业、领域或工作内容等，对 GIS 技术进行应用设计。

4.4.2.2　洪水仿真演进与显示中的应用

运用 GIS 技术对洪水演进淹没情况进行分析，具体包括以下两种情况：①在一定的洪水水位条件下，计算受灾范围内，低于该水位的淹没区和淹没区水深分布，该方法侧重于对于淹没结果的模拟，因而适用于较大范围的均匀降雨淹没状况；②在一定流量、水位情况下，从源点开始，计算洪水所可能造成淹没灾害的范围与水深分布状况，该方法侧重的是对于洪水淹没过程的模拟，能够动态模拟出洪水自一点向外逐步蔓延的整个过程，对于洪水的决堤、暴雨所引起的暴涨洪水向四周扩散情况等，进行良好的模拟。

4.4.2.3　灾害快速评估

基于三维 GIS 平台建立的洪水灾害实时模拟，能够有效将洪水灾害的整个演进过程，利用三维可视化的形式进行表达，并最终输出相应的洪水范围、水深以及历时图，支持洪水灾害实现快速评估，从而为灾害决策提供重要的参考依据。灾害快速评估的内容有以下 3 个。

①评估流程定制。将工作流程中各个环节的逻辑规则等进行整理和优化，利用计算机进行模拟表达和实施计算，并利用计算机在多个参与者之间，按照预定规则进行文档、信息和任务的自动传递。

②灾害评估。按照所定制的评估流程，结合实际所输入的数据，采用调用算法集所提供的评估算法，计算获得结果评估，最终保存评估结果，并进行可视化转变。

③算法集管理与制定。所谓算法集，主要是一系列算法的集合，能够为每一类的算法，定义统一的输入、输出形式，从而满足洪水模拟计算的要求。

4.4.2.4　构建现代洪水预报三维支持系统

最后通过 GIS 建立三维系统，该系统通过对流域进行航拍取得了 1∶1 万的航空彩色正射影像（DOM），利用数字摄影测量的方法获取 5 m 格网间距的数字高程模型（DEM）、数字线划图（DLG）。在 ArcGIS Globe 软件基础上二次开发，结合 3Dmax 软件建立了形象逼真的三维场景，能逼真地反映真实的地物、地貌。

然后通过网络通信系统传输到客户端，供管理人员应用决策，其工作流程见图 4-7。

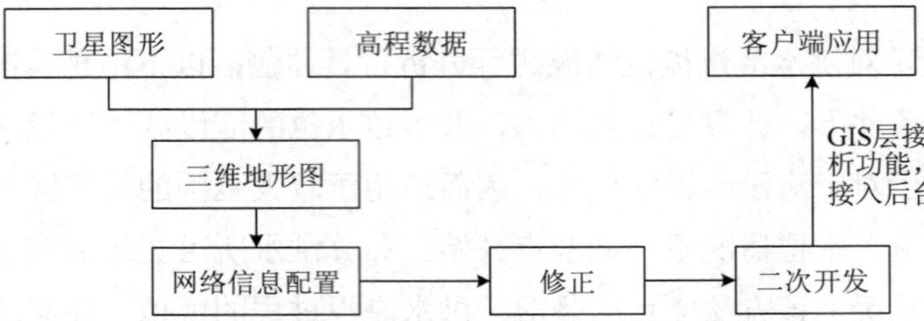

图 4-7 三维系统工作流程

该系统还可以实现水情、雨情等综合信息通过建立此三维洪水模拟预测系统，该流域的信息采集由传统的人工观测实现了系统自动采集，节省了人力，并且信息传输也由过去的 2～3 h 甚至更长的时间缩短到几分甚至几秒，实现信息的及时传输。同时信息处理也由过去的人工翻译、整理转变成了计算机处理、监视，信息处理既及时，又直观形象。

第 5 章　洪水资源化管理及其利用

5.1　洪水管理的现状

防洪从控制手段向管理手段的迈进是人类社会发展的历史必然。某些发达国家已经先行一步，积累了不少经验，也得到了不少教训。当今我国正处于从洪水的控制向洪水的管理转变的重要阶段，所以，学习和借鉴国外的经验教训有着很重要的意义。

19 世纪 60 年代起，为了改善航运和控制洪水的需要，以美国为主导的防洪方案为修建堤防来逼迫洪水归槽，从此进入了“控制洪水”的时代。人们开始大量投资建设防洪工程，推出了一系列综合工程措施，例如，修建水库、整治河道、设置滞洪区、开辟泄洪道等。政府控制洪水的职能也得到了强化。但是，到了 20 世纪 50 年代，美国人发现尽管如此，水灾造成的损失依然是有增无减，自此，人们开始意识到仅依靠防洪措施防洪是远远不够的，还需要增加一些新的防洪手段。也正是从这一时期，洪水管理的理念开始萌芽。这一阶段的典型特征是洪泛区管理，并以推行洪水保险和绘制洪水风险图为核心。这表明了人们已经意识到需要主动承受一定的洪水风险，而不是与之前一样将希望寄托于工程措施来完全控制洪水。从 20 世纪 70 年代后期起，法国、德国、荷兰、日本等一些发达国家的防洪理念也从洪水控制逐渐向洪水管理转变。

在 1993 年美国的密西西比河特大洪水之后，洪水管理的理念才得到人们的广泛接受。1993 年，美国中西部密西西比河流域上游发生了历史罕见的特大洪水，损失惨重。这次特大洪水的发生也使人们进行了深刻的反思：密西西比河虽然有极其完备的防洪工程措施，但这些工程措施不但不能控制洪水，反而遭受了极为惨重的损失，可见人类的力量不可能完全控制洪水，也不能将洪水的风险完全消除，仅凭借工程措施不但难以将防洪问题彻底解决，而且在经济上也是得不偿失，所以必须转换思路才有可能找到更好的解决方法。于是，已经处在萌芽阶段并得到了一定发展的洪水管理理念被提到了一个新的高度。自此之后，德国、英国、日本和澳大利亚等发达国家以及中国、印度、泰国等发展中国家也都逐渐开始接纳洪水管理的理念并将其付诸实践。

国外的洪水资源化管理为我国提供了参考与借鉴。如美国人烟稀少、资产密度较低的高风险区没有对毁掉的堤坝进行修复和重建，而是让洪水滞留于曾经被保护的土地中，既利用了洪水的生态环境功能，又减轻了其他重要地区的防洪压力。而我国人口众多、分布密度不均匀，不同于美国等发达国家的国情，在资源化的同时，必须结合我国的实际，采取符合本国国情的洪水资源化管理模式。黄河连续 3 年在大旱之年不断流，塔里木河连续 3 年共 4 次向下游调水，黑河连续 3 年省际分水成功，实施了向扎龙湿地地区生态应急补水，是我国全流域水量统一调度的成果。

5.1.1 洪水管理的概念

5.1.1.1 洪水管理

自人类进入农业社会以来，沿河湖的洪泛平原和阶地，因为其优越的水土资源条件，成为人类开发利用的首选场所。对于洪水不时泛滥的场所的开发和利用，必然会面临洪水问题。无论是从理论还是从历史实证角度来看，促进洪水风险区的合理利用和采取各种措施保护已开发的洪水风险区，以及人类未开发的洪水风险区，其根本目的是获取更多的利益。由于洪水风险区开发活动的外部性（指会对他人产生影响的特性）以及主要防洪措施（如防洪工程、应急管理等）所具备的不可分性、外部性和共同消费性等公共产品的特征，一般而言，由政府出面引导或规范开发行为，采取防洪措施是实现洪水风险区利用效益最大化、最有效的方式。洪水风险区的开发与保护常伴随社会公平的问题：部分人以为对具有全局生态与环境价值的洪泛区、湖泊或湿地的开发利用会影响其他人的利益，保护某一区域的防洪工程往往会将洪水风险转嫁到其他区域，牺牲局部保护全局的措施会严重损害局部人的利益，将社会资源用于洪水风险区的保护或救助会减少非洪水风险区社会成员对社会资源的享有量等。当个人或政府行为危及一部分人的利益而无适当的补偿时，便会导致社会不公，特别是当这种不公会增加社会贫富差距时，更背离了促进社会公平和政府保障的宗旨与基本职责。

洪水除了会对生命财产造成危害，还有维持河、湖、湿地和洪泛区生态与环境价值，提供土地养分、补充水资源等作用。发挥洪水利益，减少防洪措施对生态与环境的不利影响，也是洪水管理必须考虑的重要方面。洪水管理所要达到的战略目标：提高洪水和土地利用效率；推进社会公平；维持依赖于洪水的生态系统价值，寻求开发、保护和可持续性之间最佳的平衡。洪水管理的对象包括 3 个方面，即洪水、土地和人的行为。为实现洪水管理目标，针对上述对象，可采取的洪水管理措施包括调控洪水的措施，推进土地和洪水公平合理利用的措施和减轻公众及社会面对洪水风险脆弱性的措施，这些措施按是否改变洪水运动特性又分为工程措施和非工程措施两大类。

综上所述，洪水管理可定义为以公平的方式采取综合的措施管理、利用土地和洪水，减轻洪水灾害影响，规范人的开发和防洪行为，最大化经济与社会福利的过程。

5.1.1.2　洪水管理遵循的可持续发展原则

洪水管理需遵循可持续发展的原则，具体体现为：①与河流共存的原则，即人类对河流的治理，必须尽力维护并改善河流固有的各种基本功能，而不是导致河流的消亡；②与洪水共存的原则，即人类防洪体系的建设，是以将洪水风险控制在可承受的限度之内为目标，而不是消除洪水；③保障发展的原则，即治水方略要调整为有序地与洪水协调共处，必须以保障社会安定与经济平稳发展为前提，而不是导致生产力被破坏；④社会公正的原则，即防洪减灾的政策要有利于缩小贫富差距，而不是使贫者更贫；⑤分担风险的原则，即无论什么地区都有义务承担自己的固有风险，即使是确保安全的地区，也要对因提高自身工程保护标准而可能对其他地区造成的附加风险，提供必要的补偿。

5.1.2 国内外洪水管理的现状及发展

5.1.2.1 美国的洪水管理

（1）洪泛区及洪水管理过程

美国国土面积中约 7%为洪水易发区，这里包含 1 000 万户家庭以及 3 900 亿美元的财产。洪泛区的城市化率是其他地区的 2 倍，年均死亡人数较为稳定，年均洪水损失持续上升，每年的灾后救济大约为 30 亿美元，未参加保险的损失增加。除了在百年一遇的洪泛区内有不受保护的开发，在临近百年一遇的洪泛区内也不断有人开发。而且，在泛区内居住并从事开发业务的人与其支付的决策投资是不相称的。洪灾后的补助和贷款降低了采取防护措施的积极性。在泛区内有 2 万个社区，虽然有 90%的居民参加了国家洪水保险计划，但其中只有不到 20%的人购买保险。

1917 年，在密西西比河下游的萨克拉曼托河实施《防洪法》。1927 年美国发生特大洪水后，于 1928 年颁布实施《防洪法》，提出对密西西比河进行以防洪为主的综合治理。美国历史上第一部综合性防洪法为 1936 年的《防洪法》。1953 年首次试行田纳西河流域管理局（TVA）土地利用和控制洪水措施。水资源协调于 20 世纪 50—60 年代开展，并于 1965 年成立美国水资源委员会。1968 年颁布《国家洪水保险法》。1976 年、1979 年、1986 年和 1994 年修订国家洪泛区管理计划。在 1993 年密西西比河流域发生特大洪水后在洪水管理方面提出了 3 项重要建议：充分考虑所有可能的措施，包括撤退、预报预警、防护、天然与人工蓄洪；充分估计经济与社会价值；更多地采用非工程措施，通过洪泛区管理与计划减少脆弱性。

（2）洪水管理的发展趋势及经验

随着洪水管理向沿海社区等地区转移，美国大规模的基建投资也逐渐减少，各种条例、标准等措施逐渐增多；从工程条例转向地方条例、规划、区划和多目标管理的非工程措施；国家洪水保险计划成为管理的重要工具，对地方政府因疏于执行洪泛区条例的投诉增加；增强了对湿地自然功能与环境质量内在价值的认识。

美国江河洪泛区众多，受洪水威胁的面积约为国土面积的 7%，近 1/6 的城市处在百年一遇的洪水淹没影响范围内，洪灾为美国最严重的自然灾害。20 世纪以来，美国在实施防洪减灾的过程中，不断探索和调整洪灾治理的对策，逐步构建了以防洪工程、洪水预报预警、国家洪水保险计划（NFIP）为主的防洪体系，并加强和完善了防洪减灾法律法规体系，开展了洪水风险图现代化规划，成立了专门的防洪组织，在洪水灾害风险管理方面积累了非常丰富的经验。

（3）完善防洪减灾组织管理

目前，美国已经形成了以陆军工程师团为核心机构，气象局、地质调查局、垦务局、联邦应急管理署共同参与，地方分级管理系统的统一防洪减灾组织与管理模式。承担防洪减灾任务的核心机构是陆军工程师团，负责对洪泛区的管理以及防洪调度工作。地质调查局和气象局主要负责洪水预警预报，包括水情监测、洪水灾害信息发布、水文站网建设等；垦务局承担所负责的水库的防汛调度管理；联邦应急管理署主要负责防灾意识群众宣传、抢险救灾、洪水保险等。

（4）洪水管理的原则及相关的法律法规体系

洪水管理的基本责任在于州和地方政府，联邦政府的利益是主要考虑的因素。从全部国家、社区和区域的管理与规划上审视洪泛区；从洪泛区管理的角度上看待洪水损失，而不是只关注损失本身；在资源管理的角度上更多地关注洪泛区内外的资源；考虑效益和成本之间的相互影响来评价各种策略。

美国自 1936 年颁布了首部《洪水控制法案》以后，先后通过了《联邦洪水保险法》（1956 年）、《全国洪水保险法》（1968 年）、《洪水灾害防御法》（1972 年）等全国性法案，联邦政府开始采用多种非工程措施加强了洪泛区的洪水管理。1973 年，美国颁布了《洪水灾害防御法》，从而将洪水保险计划由自愿参与改为局部强制。1993 年密西西比河暴发大洪水后，洪泛区管理的新概念变为“给洪水以回旋空间”，美国也开始从“控制洪水”向“管理洪水”转变。1994 年，美国颁布了《国家洪水保险改革法》来进一步强化强制性洪水保险制度。上述防洪减灾的法律法规都是美国在不断调整人与洪水之间的关系的过程中制定与完善的，为美国开展防洪的非工程措施，加强洪水管理，减轻洪水威胁地区的洪灾损失起到了重要的法律保障。

（5）美国的非工程减灾措施

非工程防洪措施是指“利用立法、防洪技术和洪泛区管理等手段，缓和洪水淹没敏感性”的技术。1993年，普拉艾赖伊达切因镇遭遇到了40年一遇至50年一遇的洪水的侵袭，红十字会工作人员赶往灾区进行急救，但是，出人意料的是不到两周他们就撤离了，因为那里基本没有人需要他们的帮助。移民安置让那些为房屋和企业担心的人们感到舒心，非工程管理措施也得到成功的应用。例如，明尼苏达河谷国家野生动植物自然保护区和密西西比河上游野生动植物及鱼类自然保护区，对蓄滞1993年明尼苏达河下游洪泛平原和密西西比河上游河谷的部分洪水起到了显著的作用。建设公共绿地、绿色走廊、自然保护区和生态农业等都是在洪泛区正确利用非工程防洪措施的例子。通过把处于风险的建筑物减少到最低限度，从而得以将洪水损失大大减少。

美国是世界上最早提出洪水保险并将其应用于实践的国家，先后制定了多部法案，保障了洪水保险的推广与实施，并强制性实施洪水保险计划。保险政策的强制实施，对美国实施洪水保险计划起到了很大的推动作用。美国洪水保险计划（NFIP）是在政府的主导下开展的政策性保险计划，已经形成了由联邦紧急事务管理署管理私营保险公司与国家洪水保险计划相互补充的发展模式，有超过20 000个社区参加了洪水保险计划，由编制的洪水风险图确定洪水保险费率。目前，洪水保险计划已经做到了收支平衡，在防洪减灾的方面发挥了积极的作用。

5.1.2.2 欧洲的洪水风险管理

近20年来，在欧洲发生了多次洪水灾害，也造成了严重的经济损失，为了将洪水灾害带来的风险降到最低，欧洲各国全面实施了《水框架指令》，从而加强了洪水风险管理，给防洪减灾带来了积极的作用。

（1）制订莱茵河洪水管理行动计划

莱茵河发源于阿尔卑斯山，流经列支敦士登、奥地利、法国、德国、荷兰等国最后汇入北海，是流域内生活用水和工业用水的重要水源，莱茵河传统的流域管理有着100多年的历史，自从20世纪90年代以来，莱茵河几乎每年都会面临洪水问题，对当地造成了巨大的经济与财产损失。以往的防洪管理方法已经不能够满足经济社会发展的防洪要求。第十二届莱茵河流域部长级会议1998年1月在荷兰鹿特丹召开，会议通过了《洪水管理行动计划》，总投资120亿欧元，目的是利用未来20年的时间来改善和提高莱茵河的防洪和流域可持续管理水平。在计划中提出了今后的防洪策略应该集中于减轻灾害水位、降低洪水水位、完善洪水预警系统和增强风险意识 4 个方面，并把行动计划具体分为流域水保护措施、河流水保措施、洪灾预防措施、防洪工程措施、洪水预警预报 5 个方面的措施。

（2）加强洪水风险管理和评估工作

气候变化的原因导致了海平面持续上升，从而致使未来欧洲洪水发生的量级和频率可能会不断增加，欧洲未来将会面临更严峻的洪水风险，所以欧洲各国必须实施洪水风险管理和评估工作。许多欧盟成员国已经采取了防洪措施，加强了洪水风险管理并制订了共同的防洪行动计划，从全局角度来解决洪水灾害问题，其中包括基础设施建设规划、水资源调度管理、土地利用规划等。通过多个专业的协调将洪水给居民生命财产、经济活动、文化遗产及自然环境带来的恶劣影响最大限度地降低。

目前西班牙为应对气候变化带来的洪水风险，推出的管理手段是利用可持续的城市排水系统使因为城市的发展而改变的自然水文过程恢复到原本的状态。

西班牙受洪水影响最严重的地区之一是阿利坎特省。实施可持续城市排水系统（SUDS）旨在通过综合行动，再现和恢复因城市发展而改变的自然水文过程，从而优化降雨管理，产生新的自然区域供居民使用。

在洪水风险管理方面，英国经历了从防御到最新形成的洪水风险管理模式的转变，对我们国家发展洪水风险管理和评估有很大帮助。

英国初步形成洪水灾害防御体系的过程，受到农业发展需求与地方自治传统两个因素的强烈影响。1930 年，英格兰与威尔士建立了区域集水部门，而 1945 年后由于英国开始加快农业集约化，对东南部高产值洪泛农业区进行有效排水及保护变得迫切。20 世纪 60 年代，北美的防洪理论对英国产生了重要影响。1961 年、1969 年及 1981 年相继发出的政府通告，强调了规划部门与水务部门必须紧密联系，确保在做出发展决策时考虑洪水的问题。2006 年发布《规划政策声明 25：发展与洪水风险》，将洪水风险纳入规划分区，将风险评估与规划层级协调，以及确保洪水风险管理能体现在规划制定的全阶段。规划领域政策的出台成功弥补了缺乏政策性的框架的不足。同时环境、食品和农村部作为政府水务部门机构，起到协调水务非部门机构（如环境署）与空间规划机构的桥梁作用，然而这种协商局限性较大，无法涉及基层社会。洪水风险管理已经转变为一项需要社会各界共同努力的运动，政府需要建立一个更加广泛的协商组织，搭建一个面向所有利益集体的行动框架。2011 年英国构建了一套循环式的洪水风险管理模式：理解风险→预测管理可能性→帮助人们管理他们的风险→避免不恰当的开发→提升洪水预测、预警和灾后恢复能力→进一步理解风险。

英国政府在 2020 年关于确定地表水和排水资产责任安排的审查报告之后进行了后续审查。审查的主要结果是：需要重新考虑评估洪水风险和发展抵御能力的方法；需要更好地管理降雨和与自然环境的相互作用；需要提供国家建议，强调为所有新建项目开发可持续排水系统的重要性。

因此，该审查报告提出了一系列建议，以确保采用更全面的洪水管理方法：

①更加强调不同规模的洪水管理，统一使用“可持续全流域洪水管理”一词。这一表述消除了对农村或城市的单一关注，但更重要的是，它强调了跨水文尺度合作，汇集洪水管理方面的益处，并鼓励使用更综合的流域范围方法来管理流量。

②制定强有力的政策和监管框架，定义和考虑水资源的可持续管理和改善整个流域的流量。术语“可持续的全流域洪水管理”的引入将有助于制定强有力的政策，并确保其被更广泛地采用，解决目前英国洪水政策中存在的变化无常和缺乏重点等问题。建议将政策重点从现有的通过行政边界和洪水类型的风险管理转移到制订集水区规模的管理计划。这将为参与洪水管理的利益相关方提供额外的支持和指导，如地方当局、公用事业公司、土地所有者、开发商和洪水风险工程师。

③了解不同方法的中长期维护成本，并确保所有技术都被适当的个人或机构采用。

④开发建模软件功能和指导原则，将城市和农村环境的所需细节结合起来，从而有可能建立更大尺度的农村地区的洪水模型和更精细分辨率的城市地区的洪水模型。这些模型还需要支持不同规模的洪水管理方法。为了支持这些模型，需要流域范围内的监测和更高分辨率的海拔数据产品，这包括认识到模型需要代表高地环境，而高地环境往往是数据匮乏的一阶溪流网络，是集水规模洪流传播的源头。计算模型能够模拟特征性能对由长期观测数据网络驱动的可变前因条件（如可变的饱和水平、NFM 特征的变化条件）和风暴事件（如双峰风暴）的影响，这也可以减少不确定性并提高模型的可信度。这种模型的性质是需要计算的，但

是结果输出的可视化和总结是确保这种模型广泛使用的关键。

5.1.2.3　加拿大的洪水风险管理

1945 年，加拿大就认识到洪泛区管理是唯一可能减少洪水损失的有效途径。1975 年《减少洪水损失计划》（FDRP）出台，加拿大政府主动支持洪泛区管理工作。FDRP 还支持包括土地收购、洪水预警预报以及工程措施在内的其他管理洪水的做法，并向公众发布洪水危害的信息。1996—1997 年，加拿大圣劳伦斯河接连发生了特大洪水，损失惨重，也暴露出一系列洪水管理方面的问题，例如工程调度无序造成上下游矛盾，对人类活动造成下垫面变化对水文情态影响估计不足致使水情估计失误，预警预报系统不健全等。这种状况引起加拿大政府的警觉，加拿大环境部表示要对以往减灾计划的有效性进行评估，并再次声明洪水管理是国家减灾政策的重要组成部分。

在经历过惨痛的历史教训以后，我们认识到了工程知识在减少洪水风险方面所起的主导作用。虽然工程知识在解决已知风险方面的价值已得到认可，但在气候变化的背景下，工程知识在解决长期未知的洪水风险时，它的弊端就凸显出来了。气候变化下，过度依赖工程知识会忽视不确定性，需要强调跨部门学习，整合科学、政治、社会和文化的理解来提出解决方案。在新形势下洪水管理方法的总体趋势是多样化的，从由政府主导的分级洪水灾害控制向由日益多样化的知识和知识系统所指导的洪水治理的转变。

5.1.2.4　亚洲及太平洋地区的洪水风险管理

在亚洲及太平洋地区的许多国家和地区，由于经济和社会的高速发展，防洪工作也发生了很多变化，为了对自然资源实行可持续开发，这些地区的防洪工作已经形成这样的理念，即以大型工程措施或工程为主向对土地利用加以控制转变，采取工程与非工程措施相结合的方法，特别是突出防洪工作要有社会参与的理念。亚洲及太平洋地区的许多国家，如澳大利亚、印度尼西亚、日本、马来西亚、泰国、孟加拉国和越南，已经广泛采用蓄滞洪区减少洪水危害。

亚洲及太平洋地区的国家都比较强调土地利用管理，把它当作防洪的一种补救措施。在土地利用管理方面，采取了特定的工程与非工程措施。其中，工程措施包括一些小而且投资少的措施，用来削减洪峰流量、滞蓄洪水、防止土壤侵蚀。非工程措施主要是不同的种植及耕作技术，以保护植被、增加土壤下渗、减少坡面流。对于高度城市化的流域来说，土地利用管理尤其重要。

在亚洲地区，越南和印度因为气候变化大、地形地势差异大和河流众多，发生的洪水灾害频繁。

洪水灾害严重威胁着越南的社会经济发展。为此，越南做出了许多努力，包括制定以《灾害预防和控制法》为核心的全面灾害风险管理系统（DRM）法律框架。越南还建立了从中央到地方的组织良好的数字版权管理系统。越南已经制定了将数字版权管理纳入中央和地方发展计划的主要政策。加强灾害信息预警系统现代化建设，将灾害教育纳入培训内容。确定了数字版权管理的挑战，包括制度、财务和信息问题。此外，由于气候变化，越南正面临越来越多的灾害和极端气候事件。2019 年新型冠状病毒感染及其带来的社会经济后果也导致 DRM 缺乏资源。经济的发展导致了生态减灾工作的衰落，给 DRM 带来了更大的压力。未来，越南应建立部委、部门、地方和非政府组织之间的信息共享网络，以支持政策制定过程，加强多方利益集团的协调；还应建立更适当的资金分配机制，以满足 DRM 的需求，特别是在灾害准备和重建阶段。尽管取得了很大进展，但目前越南的 DRM 计划仍面临重大挑战，主要问题是风险信息不完整和相关法规执行不力。此外，政府在灾难发生后仍面临资金缺口。

在印度，12.5%的地区被认为是洪水易发地区。继孟加拉国之后，印度是世界上受洪水影响第二严重的国家。在西孟加拉邦（印度东部的一个邦），根据西孟加拉邦灾害管理和民防部门的报告，总地理面积的 42.4%，也就是 69%的净种植面积受到了洪水的影响。新科西河、卡利亚海河、鲁普纳拉延河和拉苏尔普尔河的河床疏浚和河道分流是需要注意的紧急事项；需要在河流集水区植树造林、保持土壤、修建小型拦河坝，还要求当地人掌握与灾害相关的知识，并定期练习洪水救援的疏散技能。为了减少洪灾脆弱性，首要的要求是发展基础设施，使人们适应洪水条件，另一项重要的补救措施是加强经济发展。

这些适应性措施可以帮助减少洪灾脆弱性，并可能在生态系统规划时发挥作用，需要采取适当的措施来减少高风险地区的洪灾及其脆弱性。因此，通过洪水灾害和脆弱性进行洪水风险评估可以为自然资源管理提供科学的指导和依据，也对在微观层面上改善当地居民的生计至关重要。

为了更有效地推行土地利用管理政策，不少国家和地区已经通过立法来授权各级政府采取政策措施加强流域管理。日本在洪水管理的立法方面要领先于亚洲和太平洋地区的其他国家。政府建立有效的法律和管理体系，可以解决土地退化、环境保护和维护生态系统等问题。这个体系需要一个综合的途径去管理和保护自然资源，包括水、土地、植被。这个途径就是要承认改变流域上游的自然环境会影响下游，要通过立法建立流域管理的国家标准，使土地利用、开发和保护能尽可能地减少对人类的危害并避免与水相关的自然灾害对自然资源的破坏。

5.1.2.5　国内典型城市的涝灾风险管理

我国有着众多河流，从古至今长江、黄河、淮河等河流流域经常发生洪涝灾害；为此我国有过许多尝试，例如，在淮河流域和长江流域过去一直处于和洪涝灾害的斗争中，目前各地采取更加符合自然规律的洪水管理方法收到了明显的效果。

淮河流域地处我国东中部腹地，是极具发展潜力的重要经济带，是和合南北的重要生态过渡带，在经济社会发展大局和生态安全全局中具有十分重要的地位。同时，淮河又是一条极为特殊和复杂的河流。特别是南北气候、高低纬度和陆地海洋 3 种过渡带重叠的地理气候条件，中游地势低平、尾闾不畅的蓄排水条件，导致淮河流域成为极易孕灾地区。据统计，黄河夺淮初期的 12 世纪、13 世纪，淮河平均每百年发生水灾 35 次，16 世纪至中华人民共和国成立初期的 450 年间，平均每百年发生水灾 94 次。中华人民共和国成立前，沿淮人民同水旱灾害斗争了近千年，但受社会制度和生产力水平的制约，流域灾害频发的局面始终没有得到根本改观。

中华人民共和国成立初期，治淮的重点在于加快扭转淮河流域“大雨大灾，小雨小灾，无雨旱灾”的落后面貌。70 多年来，在防洪工程体系建设方面，建成各类水库 6 300 余座，兴建加固各类堤防 6.3 万 km，修建行蓄洪区 27 处，建设各类水闸 2.2 万座，建成了江都水利枢纽、三河闸、临淮岗、刘家道口等一大批控制性枢纽工程，完成了入海水道近期工程，基本建成了防洪减灾、水资源配置与保护的水安全保障工程体系，为流域水旱灾害防御、水资源开发利用和保护奠定了坚实的基础；在防洪理念方面，不断深化尊重自然规律、主动给洪水以出路的科学防洪理念，实现了从被动抢防到控制洪水、再到洪水管理的转变，最大限度发挥防洪工程整体效益。

70 多年治淮，创造了一项又一项享誉海内外的治水奇迹：建成了气势恢宏的大别山水库群，创造了中国第一座连拱坝、第一座大头坝、第一座自行设计的重力拱坝等，兴建了中华人民共和国成立后全国最大灌区——淠史杭灌区，建成了亚洲最大的泵站枢纽——江都水利枢纽，建成了亚洲最大的水上立交工程——入海水道淮安枢纽工程。

上海市是一个城建历史悠久、地下管网错综复杂、人口与建筑物高度密集的国际化大都市。造成上海市市区暴雨积涝的因素主要有外河风暴潮顶托排水、内河排水能力锐减、水面率减少削弱调蓄雨水能力，地面下沉易于积涝成灾、都市化发展致使不透水面积增加从而加大暴雨径流等，也包括市政排水建设滞后、设施不配套、管理不到位等一系列因素。在上述因素中，有的要依靠大的水环境改善，如外河风暴潮的控制，地面下沉的控制和海平面的上升的考虑以及拓浚内河等；有的要采取一些特殊的非工程的措施，如减少城市的不透水面积暴雨径流，恢复水面率等。这些问题涉及面积很广，必须在城市防洪规划与城市建设中统筹考虑。

近年来，北京市在结合雨水利用建立涝灾风险管理对策方面做得就很好。根据北京市市政规划要求，小区建设中都应留有不少于 30%的绿地面积。如果绿地低于地面 5～10 cm，并将建筑物屋顶雨水导入绿地，这样就可以充分发挥绿地蓄滞雨水、增加下渗补给的作用。如果将绿地、草坪蓄滞汛期洪水，并同渗井、入渗回补、人工湖泊系统相结合，即可在北京市城区周围和各小区建设的建成区扩大且不透水比率增大的情况下，保持排水河道防洪流量不增大。这应该成为城市涝灾风险管理的一种趋势，有条件的城市可以借鉴。

由于气候变化加剧的暴雨和城市发展改变的水文特征，在中国的几次特大洪水事件中，老城区的城市排水系统设施不足，对城市造成了相当大的社会经济影响。例如，1954 年、1998 年和 2016 年武汉市的洪水。这些洪水代表了中国大多数特大城市在气候变化的影响下，在洪水风险管理方面已经并将继续面临的挑战。

为此，我国政府在《中华人民共和国国民经济和社会发展第十三个五年规划纲要》中宣布，将以中国一线、二线城市为目标，解决气候变化和水问题（包括洪水等水风险）。“海绵城市计划”的启动可以被认为是我国政府对最近全球洪水风险管理范式转变的积极回应。建议通过充分利用绿化带、道路透水路面和水系，以及分配小块的蓝绿色空间如人工湿地和雨花园来创造“海绵”效应；这些空间被设计成融入城市环境中的当地水文环境。

海绵城市的概念旨在：①控制城市径流峰值，并临时储存、回收和净化雨水；②使用更多绿色基础设施改善排水系统；③整合自然水体，并鼓励在排水设计中实现多功能目标。因此，海绵城市是一种综合的城市雨水管理方法，具有生态、建筑、水文、水文地质和经济方面的多重目的。在海绵城市建设中，应采用排水系统中使用耐用透水材料制成的分散池塘和沟渠，增加雨水的入渗、储存和利用率。

5.2　洪水资源化利用

洪水资源化是指综合系统地运用工程措施和政策、规范、经济、管理、技术、调度等非工程措施，将常规排泄入海或泛滥的洪水在安全、经济可行和社会公平的前提下部分转化储存为可利用的内陆水。根据这一定义，洪水资源化有以下主要内涵：洪水资源化的对象是那些在现有工程常规运用和规范调度情况下排泄入海或泛滥的洪（涝）水，包括工程防洪标准内和超标准的河道洪水，防洪工程常规调度所不能蓄留的洪水，以及河道泛滥洪水和内涝水等。洪水资源化是对洪水常规运动或存在状态的改变，改变洪水状态必须运用工程（已有的和新建的）措施和调整洪水调度模式。

5.2.1　洪水资源化的背景及研究基础

洪水资源化，自古有之。战国时期李冰父子兴建都江堰是洪水资源化的典范。从明代起，在黄河上有引导地利用洪水，束水攻沙、分洪淤滩的治河方略形成。清康熙年间，黄河上形成了以遥堤防洪，结合隔堤、滚水坝、减水坝（闸）等控制利用洪水的治河防洪体系。据资料统计，民国期间，在桑干河上的大同、阳高等地共建有放淤减洪工程35处，削减了洪水，淤灌面积达200多万亩。目前，我国有一批水库群，对洪水实施联合调度。

直到今天，我国由于人口众多，水资源短缺、水污染严重、水生态恶化问题仍十分突出。据2012年的统计，我国人均水资源占有量仅为2 200 m^3，是世界人均水资源占有量的25%，位于世界各国排名的第121位，是世界上最为缺水的国家之一。另外，极不均衡的水资源的时空分布使我国水资源短缺的情况更为严峻。我国南方水资源丰富，北方水资源极度匮乏。而随着我国人口的不断增加和经济的高速发展，北方地区水资源用量以及污水的排放量也不断增加，从而更加剧了水资源短缺的情况，导致我国北方地区大范围纯资源性严重缺水，城市水荒、农业干旱、人畜饮水困难的情况频繁发生，对我国经济发展，粮食安全和人口健康构成了巨大威胁，也出现了生态单一化的情况，湿地大面积消失、地面沉陷、浅层地下水濒临枯竭、土地荒漠化等。水资源短缺的问题已成为制约社会可持续发展的主要因素。

为了应对水环境污染、水生态恶化、水土流失、干旱缺水等问题日趋严重的态势，水利部以“人与自然和谐”的理念为出发点，提出了由“控制洪水”向“管理洪水”转化，由“单一抗旱”向“全面抗旱”转化，从而提高水资源利用效率，严格排污权管理，建设节水防污型社会，采取综合措施，依靠自然界的自我修复能力来治理水土流失。我国有2/3的地表径流属于洪水，如果能将其中的一部分洪水转化为可以利用的水资源，就能在很大程度上缓解我国水资源的分布不均，北方地区水资源极度匮乏的一系列问题。水利部将洪水资源化列为2003年重点调研课题。

洪水本身是一种自然的现象，关于是否造成了灾害，除了洪水本身的自然属性，很大一方面还取决于人类自身活动的方式和强度。所以说，并不是所有的洪水都会造成灾害，当洪水的量级没有超过一定的数值时，人类可以通过一系列措施将洪水转化为可利用的资源。所以，人类活动的成功与失败，重点在于应该如何顺应自然、遵循大自然的发展规律，化危害为资源，既能满足发展的需求，又可以保障可持续发展的需求。

5.2.2　洪水资源化的途径

5.2.2.1　国内洪水资源化的经验

洪水资源化是洪水管理的重要内容，其应考虑的问题包括资源化的目的与实现手段。洪水资源化应当是服务于整体且有利于长远的可持续发展的要求，并不是最大限度地满足局部地区或是部分人的利益。如果仅满足局部地区或部分人的利益，则可能使其他地区陷入更加难以克服的困境之中；如果仅最大限度地满足人类发展的需求，则会不可避免地导致生态环境的破坏。因此，虽然水库拦洪是实现洪水资源化的重要手段，但洪水资源化不能简单地理解为让水库拦蓄更多的水。因为这种思路是仅以满足部分人的需求为目标，很有可能继续加剧区域矛盾与生态危机。

目前，我国洪水保险仍处于积极探索的阶段，但是我们可以借鉴发达国家的经验。如 1968 年美国制订了《国家洪水保险计划》（NFIP），建立了国家洪水保险基金，目的是将洪水保险作为推动洪泛区管理的重要经济手段，目前美国已建成较为完善的全国性洪水保险体制。这一由专职机构专项管理、私营保险公司参与、并具有强制性特点的制度，不仅提高了防洪减灾的工作效率，也带来了巨大的效益。以改革的眼光看待洪水保险，建设更完善的防洪安全保障体系，才能闯出一条符合中国国情的洪水保险之路。

日本对于洪水的管理采取危机机制。为了防止水患，日本城市下水道系统十分发达。有关统计数字表明，日本全国共埋设地下管道 34 万 km，近 20 年来增加了 4 倍，加上日本的清污技术发达，所以城市很少发生水灾。联合国大学的一份预测称，到 2050 年，全球将有约 20 亿人面临洪水威胁。“当务之急是增强全球监测和预报特大洪灾的能力，建立超级预测、警报系统和组织，进行更好更先进的信息沟通，同时人类必须制定新的战略”。

系统建设在统一的信息平台之上，这是面向大众和统一设计的必然结果，它使数字流域系统成为一个柔性系统。满足了统一标准、信息安全、信息共享和灵活管理等多方面的要求，即便发生系统业务流程变更、组织更迭、技术进步等变化，系统仍然可以非常灵活地使用信息和处理业务，确保数据的存储、管理和应用的一致性、完整性和及时性，为跨流域的洪水调度、改变时空分布提供有力保证。美国陆军工程兵团为实现网络共享平台化做出了榜样。在我国，水信息网站是水利管理信息部门的对外发布平台。有些流域虽然也建立了数字信息的工作平台，然而是流域内的，无法达到全国联网调配。因此，建设水系间的长期联网信息化平台，进行水系联网，这种发展方向的潜力在我国是巨大的。

以追求人与自然的和谐为目标，洪水资源化的另一个有效途径是做好蓄滞洪水，以及滩区、农田的工作。例如，对蓄滞洪区进行合理的分区管理，如果一般中小型的洪水也能引蓄洪水，将与洪水相适应的环境部分的修复，则会有利于维持蓄滞洪区的分滞洪功能，减轻分洪的损失并形成蓄滞洪区自身适宜的发展模式。海河流域“96·8”发生洪水时，部分蓄滞洪区与农田被淹后地下水得到了明显的回补，农业反而丰收的现象，证明了关键不在于如何确保不淹，而在于如何有效控制受淹的范围、淹没时长与水深，减少淹没损失与不利影响，同时可以促使地下水得到明显的回补，产生滞水、冲污、冲淤、淋盐、洗碱和改善生态环境的综合效益。

显然，洪水资源化的实现要与洪水的风险管理结合起来，做到利益共享，风险分担。所谓的“利益共享”是对于“不顾他人生态系统的需求”而言的。特别是当今水资源短缺、水环境恶化的现象日趋严重，想要缓解这一矛盾，必不可少的措施就是洪水资源化利用。任何局部区域及部门在治水过程中如果只是一味地追求自身利益最大化，那么就有可能危及他人安全或是破坏生态环境。所谓的“风险分担”是对于“保证安全”而言的。无论是将洪水全部拦蓄来确保“供水安全”，还是各个地方严防死守来确保“防洪安全”，都不利于洪水资源化的实现。所以，当水较少时，该放的水应该放下来；当水较多时，该淹的地方就应该淹起来。虽然会有一些难以避免的损失，但这部分损失可以通过“风险分担”的模式将其降低到我们可以承受的范围之内。只有通过洪水的风险管理，按照风险分担、利益共享的原则统筹规划江河的上下游、左右岸、城乡间、干支流的洪水风险的利害关系，洪水资源化才能达到保障可持续发展、协调人与自然相和谐的目的。

洪水资源的转化途径有蓄于地表和补于地下两种。总的来说，洪水资源化的途径主要包括以下 6 个：①在保证安全的前提下，适当地调整已达标水库的汛限水位，要么多蓄洪水，要么将水放于下游；②利用洪水前峰，清洗污染河道；③完善和建设洪水利用工程体系，有控制地将洪水引入田间、湿地或回补地下水，或者蓄洪于湿地和蓄滞洪区；④利用超标准洪水发生时蓄滞洪区滞洪的机会，有意识地延长洪水在适用于下渗回补地下水蓄滞洪区内的滞留时间，从而回补地下水；⑤建设或完善流域间、水系间水流沟通系统，综合利用水库、河网、湿地等，调洪互济蓄洪或回补地下水；⑥建设和完善城市雨水洪水利用体系。

通过工程和非工程措施两种途径，洪水资源化能实现洪水在时间上和空间上的重新分配，从而使“水害”向“水利”方向发展。

5.2.2.2　洪水资源化的工程途径

随着社会经济的发展，人类社会的用水量显著提高。如何加大调蓄洪水的能力就成了各地人民追求的共同目标。人们开始意识到“洪水也是资源”。在这种普遍认识以及利益的驱使下，各种工程措施就成了区域之间争夺“洪水资源”的有效手段。

工程措施是指通过水利工程和水保工程，将尽可能多的洪水拦蓄起来，从而延长洪水在陆地停留的时间，使之可以更多地被人们利用或是用来补充地下水。洪水资源化的工程途径主要是通过解决洪水的“蓄”“滞”问题来提高洪水资源的可开发性。目前，在实践中常采用以下 6 种途径：①利用各种蓄水工程存蓄洪水：对现有的并且存在安全隐患的工程进行除险加固，充分扩大和挖掘蓄水工程的蓄水能力；②对河道进行综合治理，用洪水传送河道和水库中的泥沙；③利用地下水回灌工程，补充地下水；④建设城市雨洪工程，提高城市防洪能力；⑤利用调水工程进行跨地区及流域调水；⑥改善农村雨洪资源化建设从水质、水量两方面解决农民的饮水问题。

5.2.2.3　洪水资源化的非工程途径

非工程途径是指在现有工程的基础上，通过科学的规划以及合理的调度，最大限度地拦蓄洪水，以延长其在陆地上的停留时间，从而满足经济社会和生态环境的用水需求，补充回灌地下水。在实现洪水资源化的非工程途径上，需要应用先进的科学技术从而提高预报的精度，延长预见期。洪水资源化的非工程措施包含水利工程调度与管理的大多数措施，主要措施如下：①水库合理地调整汛限水位，实现分期洪水调度；②利用洪水预报，实现水库实时预报调度；③利用蓄滞洪区主动分洪，恢复湿地。

洪水资源化的工程途径和非工程途径是相辅相成的，在实际工作中常常会联合运用，从而可以大幅提高洪水资源的可开发性。

5.2.3 洪水资源化利用风险分析

5.2.3.1 洪水资源化利用风险

洪水资源化过程中存在许多不确定性因素，从而导致了相应的风险：

①水库防洪调度风险与垮坝风险。水库进行分期防洪运用，提高汛限水位，可提高水库蓄满保证率。但也会因此增加水库应急泄洪的概率，从而增加了破坏下游河道安全行洪的机会，即加大了下游防护对象遭受损失的风险。严重时，还可能发生垮坝，垮坝对水库本身及下游保护区而言是致命的打击。

②蓄滞洪区的风险。如果水库蓄水位过高，水库应急泄洪或水库垮坝时，河道不能及时排泄洪水，就会增大蓄滞洪区运用的可能性。

③工程结构风险。必须通过工程措施实现水系联网，而不同的流域、地理位置、地质条件所采用的工程措施和结构都不同，就会增加工程结构的风险。在实施过程中，还会增加施工风险。

④灌区设施风险。引洪水补源和灌溉时，由于汛期洪水含沙量大，将造成引洪渠道淤积，从而缩短灌区灌溉设施的寿命，存在提前退役的风险。

⑤生态风险。利用洪水冲淤、冲污、洗碱、淋咸，可以改善生态环境。但降水本身就含有各种各样的污染物，在达到冲淤、冲污等目的的同时，也会增加环境污染的风险。

5.2.3.2 洪水资源化风险管理对策

针对上述洪水资源化中存在的风险，其管理对策主要有以下 6 个方面。

①加强工程管理，消除病险水库，提高水库调度技术。严格水库管理、加强大坝监测，及时发现并消除病险水库。另外根据洪水预报，利用计算机仿真模拟技术，制订科学的调度方案，降低水库的调度风险、垮坝风险和动用蓄滞洪区的

风险。

②建立蓄滞洪区的洪水保险机制和风险补偿机制。由于洪水资源化工作增加了蓄滞洪区的受灾风险，因此，应该对蓄滞洪区进行风险补偿，其补偿机制应和洪水保险机制共同建立，补偿资金的来源应是洪水资源化的收益。

③提高工程质量和改进施工技术，减小工程结构风险。无论是山区河流的控制性工程，还是水系联网工程，抑或是蓄水回灌工程，在规划、设计、建设的过程中，都要严格把关，控制工程质量，改进施工技术，防范结构风险。

④改进调水调沙技术，对水、沙、污统一调度。洪水是很好的冲沙、冲污的资源，因此必须在做好水、沙、污预报工作的基础上，对水、沙、污实行统一调度，防止新污染的产生和因洪水调度而导致淤积加重。

⑤加强信息化建设，及时获取水情信息。信息的及时、精确获取是降低风险的重要手段。目前正在建设的水利信息化工程，如降雨、洪水的自动观测与传输以及数字化流域等，都会极大地弱化洪水资源化的风险。

⑥研究制定水利工程风险调度的政策措施，促进洪水资源的充分利用。从宏观政策上把握水利工程运行的风险调度，将会减少不必要的损失，提高洪水资源利用率。

5.2.4　洪水资源化面临的问题

5.2.4.1　水库防洪问题

我国西北地区地广人稀，会产生一些地域性的问题。如甘肃省的疏勒河干流河道从上游昌马水库到下游西湖北河口，总长约 240 km，河流沿岸支流密集，分布范围超过 4 万 km^2，且各干支流所隔间距较大，对于防洪工作而言工程量较大。局部恶劣天气、洪水和泥石流等出现的频次高，河床不牢固，水流摆幅较大，河岸坍塌现象较多，耕地面积被大量侵蚀，防护补救手段较落后。水库河道治理范围广，地理地貌复杂，投入成本受限，缺乏有效的防洪工作机制。河流中上游段大范围的水土流失，导致下游双塔水库泥沙淤积的问题突出，水库容量不断缩减，影响了双塔灌区的可持续发展。

5.2.4.2 异常化演变问题

近年来，国家大力推动水环境与水土流失的治理，全力改善水生态，促进生态文明建设。但在全球变暖的背景下，我国水资源的时空演变格局呈现极值化的演变趋势，“水多、水少”的问题更加严峻，大型及巨型洪旱灾害日益频发，且呈现“旱涝急转”与“南旱北涝”等异常化的演变趋势。这对全国各地的水资源管理措施及设施设防能力提出了严峻的考验。如何在国家层面全方位系统推进水资源治理体系建设，在做好水环境与生态文明建设的同时，缓解水资源量极值化灾变对于社会经济发展的冲击成为全球气候变化新形势下亟待解决的水资源发展问题与挑战。

5.2.4.3 环境问题

在长期干涸不过水的河道中，会积累一些平时生产生活所排放的污染物，偶发的洪水会夹带并输送这些污染物。即使有计划地放过了高污染的洪水前峰，引洪水过程中的中部以及后半部分入田间、湿地或是蓄滞洪区，也难免会带入一定量污染物，可能会对引洪区的生态环境造成一定的负面影响。洪水资源化会减少入海水量，影响河口生态环境，如果将资源化后的洪水全部或大部分应用于生产和生活中，则对河道和河口生态的影响会更大。因此，资源化后的洪水如何在生产、生活和生态用途间合理地配置，是洪水资源化的工作中面临的主要挑战之一，也是各方对洪水资源化的效果存疑的关键所在。

5.2.4.4 工程问题

现有水利工程体系大多是以供水或防洪为目标建设的，并没有考虑洪水资源化的要求，虽说这些工程为可控制地适度利用洪水资源提供了主要基础条件，但从高效的洪水资源化角度来看这些工程并不完备。例如，水系间的沟通难以满足调洪互济的要求，不具备蓄滞洪区、湿地或田间引洪设施，回补地下水的配套工程缺少，应急排洪设施能力不足或缺乏等，在很大程度上制约了洪水资源化效率的提高。

5.2.4.5　政策问题

任何政府行为必须以政策为先导和基础，在我国甚至在世界范围内，洪水资源化是一项全新的事业，针对洪水资源化的政策、法规、规范、标准、规划等尚处于空白。没有水利工程的洪水资源化调度规程规范，相应的洪水资源化调度便无章可循，不可能顺利开展；缺少洪水资源化的补偿机制，则难以利用蓄滞洪区、湿地或田间引洪回补地下水或蓄留洪水资源。

5.2.4.6　利益分配问题

无论是将洪水资源回补地下水还是转化为地表水的形式蓄存起来，遭受损失的地区或者是利益相关者所用的也只是洪水资源的一部分，如果周边地区或是其他地区无偿地享用其余的利益，那么对受损者而言是不公平的。

5.2.4.7　地域冲突问题

目前，全球经济一体化的推行已成为世界经济发展的主流。但是，如果没有来自公共部门的严格控制，公共供水的私有化会导致管理不善和腐败。如西方跨国公司收购亚马孙雨林后，将雨林开辟为牧场生产廉价牛肉，造成雨林急速消失，加速生物绝种、水土流失与洪水泛滥。从水资源福利经济学的观点来看，必须最小化私有化的影响，并考虑整个社会的意见。因此政府必须调整公共系统的结构，加强国际合作与管理。我国的水资源严格意义上属于国家，在进行跨区域调水是我国实行的“一方有难，八方支援”的方针，没有严格规定产权的地区归属。但在国与国之间，河流的上下游之间，常因产权的争夺而发生冲突。在我国，研究制定河流干流及重要跨省支流、湖泊水量分配与调度管理制度势在必行。

5.2.4.8　跨流域调水对河流生态系统的影响问题

水的动力学机制和人类活动可能会对河道系统产生影响。河流的产流产沙条件的变化，特别是断流的发生，会引起水环境恶化，加重部分河段的污染和河口咸水入侵，对河流系统功能产生很大影响，还有可能产生“小水大灾”。如在“南水北调”规划中，湖北省作为中线工程通过“引江济汉”对汉江水位进行补充，长江流域含钉螺水域极可能因此污染汉江。目前血吸虫病在湖北、湖南、江苏等省的湖区及四川、云南两省部分山区流行较为严重。血防工作涉及农业、水利、财政、教育等多个行业，因此在南水北调东、中线调水的过程中，血吸虫病对北方河流生态影响值得关注。

5.3 洪水资源化利用的成本与效益分析

5.3.1 成本效益分析方法

5.3.1.1 概述

成本效益分析，是指对拟要采用的可以互相替代的系统或某一特定行动进行评价，通过对可能获得的效益和可能付出的成本做出权衡，从而识别出最优系统或最优方案的一种决策方法。成本效益分析方法是以福利经济学为基础的经济分析方法，是水资源开发利用的经济评价和决策分析中常用的方法之一。

对可持续发展的洪水资源化利用来说，必须考虑资源、环境与经济、社会的协调持续发展。对其评估，需要从全社会可持续发展的角度出发，既要分析洪水资源项目对整个国民经济的贡献，又要分析保护生态环境持续发展的能力与成本，这正是成本效益分析具有的功能。因此，成本效益分析可作为生态环境微观经济价值评估的基本方法。洪水资源化利用的成本与效益分析，对解释洪水资源化利用的可行性途径具有充分的说服力。

5.3.1.2 成本效益分析的步骤

在开始成本效益分析前了解成本现状十分重要，需要权衡每一项投资的利弊。如果可能的话，可以再权衡一下不投资会有什么影响。不要以为如果不投资成本就会变高。大多情况下，虽然新投资可获得巨额利润，但是不投资的成本可能更小。

对一项投资进行成本效益分析的步骤：①确定购买新产品或一个商业机会中的成本；②确定额外收入的效益；③确定可节省的费用；④制订预期成本和预期

收入的时间表；⑤评估难以量化的效益和成本。前 3 个步骤简单明了。首先确定与商业风险相关的一切成本，即本年度主要的成本以及下一年度的预计成本。额外收入也许是由于顾客数量的增加或现有顾客购买量的扩大。为了解这些收入的效益，一定要将与收入相关的新成本考虑在内，最后就可以考虑利润了。可节省费用简单一些，至少在某种意义上反映了利润的增加，可直接计入利润。然而，有时可节约费用也有微妙之处，更难确认。可节省费用可以来自各种渠道，以下列举的一些渠道比较便于量化：①更有效的加工，这意味着减少加工过程需要的人数，或者说简化加工步骤，甚至缩短每一步骤所用的时间；②更精确的加工，要求减少修正错误的时间和尽量避免客户的流失。最后一步，为成本和收入或可节省费用这两个要素制订相关一段时期内的计划。

5.3.1.3 成本效益分析法的原理及举例

（1）成本效益分析法的基本原理

针对某项支出目标，提出若干实现该目标的方案，运用一定的技术方法，计算出每种方案的成本和收益，通过比较，并依据一定的原则，选择出最优的决策方案。

（2）成本效益分析举例

某公司为了改善经营，打算购买一套商业智能软件，该公司用成本效益分析来判断此举是否正确。

在成本方面有软件的购买成本，雇用技术咨询人员安装和运行软件的成本和软件操作人员的培训成本。

在效益方面有提高了的业务流程（导致年度经营总成本下降），由于信息供给更为有效，公司决策更为科学（导致额外的现金流），由于使用现代化软件，员工工作效率得到提高。

水煤浆效益分析。1.8～2.2 t 水煤浆代替 1 t 重油，1 t 水煤浆的到厂价为 750～850 元，而 1 t 重油价格在 3 000 元以上，使用 2 t 水煤浆的价格相当于 1 t 重油的 50%，直接经济效益十分可观。①节能效益。水煤浆燃烧效率高（95%以上），另外水煤浆燃烧系统（密闭储存、运输）损耗低，燃烧控制方便，负荷调节范围大，节能效果显著，燃用水煤浆具有与燃油基本相同而优于燃煤的低负荷稳燃性能和调节能力，可节约 20%左右。②环境效益。水煤浆为洗选后的精煤制成，灰、硫等有害物质含量远低于常规动力煤和其他工业用煤：水煤浆燃烧温度比燃油和燃煤粉低 100～200℃，可大幅减少了 SO_2 和 NO_x 的生成，减少污染物的排放。③安全效益。水煤浆运输，储存和泵送的过程基本是在常温下全密封状态下进行，燃烧前的所有过程均因其含有 30%左右水分为非易燃烧体，对于燃油和煤粉的易燃、易爆性来说，其使用过程中的安全性得到了大幅提高。④效率效益。相较于燃煤锅炉，由于不设置储煤、上煤系统，可使企业在设备运行、检修、管理方面节省很大的工作量，减少人力和资金的投入。与燃油相比，水煤浆在储、供等方面更加简单、安全、可靠、便于管理。因此，可节省很多人力、物力，提高生产效率。⑤场地效益。工业锅炉燃用的煤灰分为 28%～30%，需占用较大的灰场，占用大量土地。并且灰场二次扬尘对大气造成污染。而燃用水煤浆一般灰分在 7%以下，灰场占地小，仅为燃煤灰场的 25%。

5.3.2 效益评估

对自然资源作为一项资产进行评估，主要是避免以往对其不恰当的估值导致的价值被低估的现象。例如，湿地资源不仅能带来经济效益，更重要的是还能带来美学上的愉悦，维持动植物的生命。对其经济效益、社会效益和生态环境效益进行综合的评估是湿地发展的必然要求。但是，由于目前方法和手段的局限性，对其效益的评估还存在一些不完善的地方。

5.3.2.1 湿地的经济效益评估

环境经济效益分析是环境影响评价的一项重要的工作内容，它建立在西方新福利经济的基础之上，同时是新福利经济的实际应用，目的是改善资源分配的经济效益。湿地开发的经济效益评估属于环境经济效益评估的子项目，其目的是量化人们从湿地生态系统服务中获取的纳入和未纳入市场体系的惠益，而估算洪水资源利用引致的湿地效益可以突出洪水对湿地的效益影响，为合理利用洪水资源、解决水资源短缺问题提供理论指导和技术支持。湿地效益评估可以加深对湿地重要性的认识，涉及的方法有旅行费用法、市场价值法、替代费用法、生产函数法等。

（1）旅行费用法

1）方法概述

旅行费用法是一种评价无价格商品的方法。利用旅行费用来算环境质量发生变化后给旅游场所带来效益上的变化，从而估算出环境质量变化造成的经济损失或收益。人们游览风景区通常不付费或付费很少，旅行费用主要是交通费、时间的机会成本等，通过调查、回归建立起来某旅游场所的年游览人次与旅行费用和其他因素的相关函数。旅行费用法是通过人们的旅游消费行为来对非市场环境产品或服务进行价值评估，并把消费环境服务的直接费用与消费者剩余之和当作该环境产品的价格，这二者实际上反映了消费者对旅游景点的支付意愿。

2）费用组成

一般来说，直接费用主要包括交通费、与旅游有关的直接花费及时间费用等。消费者剩余则体现为消费者的意愿支付与实际支付之差。

3）应用步骤

为了全面地计算所有消费者剩余之和，必须推断出对评价地点的旅游需求曲线，这也是应用旅行费用法中最为关键的步骤。推导旅游需求曲线主要包括以下 5 个步骤：①定义和划分旅游者的出发地区。以评价场所为圆心，把场所四周的地区按距离远近分成若干个区域。距离的不断增大意味着旅行费用的不断增加。②在评价地点对旅游者进行抽样调查。例如，站在评价地点的入口处，询问每个旅游者的出发地点，收集相关信息，以便确定用户的出发地区、旅游率、旅行费用和被调查者的社会经济特征。③计算每一区域内到此地点旅游的人次（旅游率）。④求出旅行费用对旅游率的影响。根据对旅游者调查的样本资料，利用分析数据，对不同区域的旅游率和旅行费用以及各种社会经济变量进行回归，求得第一阶段的需求曲线即旅行费用对旅游率的影响。⑤估计实际旅游需求曲线。

（2）市场价值法

物质生产是生态系统生产的可以进入市场交换的物质产品，包括植物产品和动物产品，物质生产产品进入市场，以价格的形式体现出来。湿地以其丰富的自然资源和极高的生产力为农业、工业生产和人民生活提供重要支持。湿地可为社会生产提供鱼、虾、贝、藻等水产品以及禽蛋、莲藕、菱角等多种食品，芦苇等则是发展轻工业的重要原材料。

运用市场价值法可以对湿地生态系统的物质生产效益进行评估，市场价值法是运用货币价格，对有市场价格的生态系统产品和功能进行估价，通过产品和功能的定量值及其市场价格，同时考虑生态系统生产过程中可能投入的物质成本，将投入部分从总产出中扣除，得到生态系统真正的物质生产效益。其公式为：

$$V=\sum A_iY_iP_i-\sum W_i \tag{5-1}$$

式中：V—— 物质生产功能效益，元；

A_i—— 第 i 类物质的湿地受益面积，hm^2；

Y_i—— 第 i 类物质的单产，kg/hm^2；

P_i—— 第 i 类物质的市场单价，元/kg；

W_i—— 第 i 类物质的投入成本，元。

（3）替代费用法

湿地含有大量持水性良好的泥炭土和植物，渗透率高，可减少地表径流，储水能力高，可以保持大于其本身重量 3～9 倍或更高的蓄水量。湿地调节水量，湿地有调蓄洪水和补充地下水的作用，在洪水期间可以积蓄大量洪水，然后用较长时间将水排出，从而减少洪水径流、削减洪峰以及增加减小后的洪水径流持续时间。洪水的时空再分配可以用于农田灌溉、生产生活用水、湿地生态维持、地下水补充等，从蓄滞洪水的功能来看，湿地和水库原理类似，可以用建造一个具有同样蓄水能力的水库的成本来替代湿地的蓄水价值，用替代费用法估算。湿地的水文调节效益、补充地下水效益均可用替代费用法估算。替代费用法是以使用技术手段获得与某种生态服务功能相同的结果所需要的生产费用为依据，间接估算其经济效益。

（4）生产函数法

湿地处于大气系统、陆地系统与水体系统的交界面，在水分、养分、有机物、沉积物、污染物的运移中起重要作用，是二氧化碳的“汇”和“源”以及全球尺度上的气候“稳定器”。湿地调节大气的功能可分为 3 部分，即植物固定二氧化碳、释放氧气以及排放温室气体。洪水资源利用的湿地大气调节价值即固碳价值加上释氧价值减去排放温室气体价值。大气调节效益用生产函数法估算，生产函数法是指产出与不同投入水平的函数关系，如干物质与产出二氧化碳之间的函数关系。洪水资源利用是缓解湿地水资源短缺的有效措施，鉴于湿地对洪水资源具有很强的适应性，充分利用洪水资源是湿地保护的重要途径。随着湿地生态系统和水资源越来越稀缺，洪水资源利用引致的湿地效益也将越来越显著。湿地洪水资源利用中，效益功能的选取受制于湿地类型，并且由于自然条件、管理模式和社会认知的不同，评价的效益功能难以统一。

5.3.2.2　成本分析

（1）成本分析的定义

成本分析是利用核算及其他有关资料，对成本水平与构成的变动情况，系统研究影响成本升降的各因素及其变动的原因，寻找降低成本的途径的分析。它是成本管理工作的一个重要环节。通过成本分析，既有利于正确认识、掌握和运用成本变动的规律，实现降低成本的目标，也有助于进行成本控制，正确评价成本计划完成情况，还可为制订成本计划、经营决策提供重要依据，指明成本管理工作的努力方向。

（2）湿地的成本分析

在湿地方面，成本主要包含初始获取湿地的成本、运营成本（湿地补给成本和管理成本）和湿地保护成本。

本节主要介绍湿地保护成本。湿地保护成本是保护湿地生态系统过程中产生的机会成本，是在时间上积累、空间上转移的成本，一方面是指湿地管理部门为保护湿地而投入的资金；另一方面是指“外部成本”。由于湿地所在地理位置往往并不与管辖区域重叠，湿地保护成本的发生会在不同的时空中存在，常常表现为跨区域保护成本，其核心问题就是区域之间外部性的产生，即当湿地部分功能区的管理部门投入资金、设备对湿地进行保护时，其保护的红利为湿地其他区域享受，但无须为此付出代价。

湿地保护要投入资金、设备和人力，实际上也是在创造价值，然而，湿地保护者和湿地保护效益的消费者的交换行为无法通过市场体系准确反映，这必然会产生外部性，尽管这种外部性是正效应，其本质依然是资源非有效分配，当特定区域承担了保护成本，却没有得到合理的补偿时，就违背公平原则，将会降低效率，最终不利于可持续发展。因此，区域经济社会发展管理部门必须考虑到湖泊湿地保护过程中产生的外部成本，必须将外部成本转化，这就要从湿地保护成本的空间补偿的角度出发：一方面进行制度设计，运用“命令-控制”管理办法，规范外部成本的合理分摊；另一方面，构建一个涵盖整个湖泊湿地的跨区域的市场体系，采用基于市场的方法，使生产者和消费者的交换行为被市场价格正确反映。

第 6 章　洪水风险分析与管理

6.1　洪水风险概述

6.1.1　洪水风险

洪水灾害是最严重的自然灾害之一，全球每年都因洪水灾害而造成巨大损失。我国是世界上洪灾发生最频繁的国家之一，仅 2022 年，我国共发生 38 次区域性暴雨过程，全国 28 个省（区、市）626 条河流发生超警戒线以上洪水。全年洪涝灾害共造成 3 385.3 万人次受灾，因灾死亡失踪 171 人，直接经济损失 1 289 亿元。根据国际灾害数据库（EM-DAT—2020）关于我国灾害统计显示，在影响人数和经济损失上，历年来洪灾所造成的损失都是居于首位。我国每年因洪灾造成的经济损失巨大，洪灾已成为我国实现可持续发展的严重阻碍。

灾害的“风险”包含 3 方面的含义：灾害造成的损失、事件发生的概率和可能产生的后果。联合国提出的自然灾害风险表达式为：风险=危险×易损性。

联合国人居署对表达式中的 3 个术语给出了定义。危险是在给定的时间和地点，发生一种极具潜在破坏能力的自然现象的概率，它影响着给定的区域。对于自然灾害，易损性就是它的物理、结构或社会经济因素被破坏或损失的概率。风险与危险的概念有直接关系，包括自然灾害后所需要承受的所有损失和破坏，包括人员伤亡、财产损失和活动的中断等。

洪水风险是指发生由洪水造成损失与伤害的可能性，洪水风险往往涉及客观存在于人与自然之间、人与人之间基于洪水风险的利害关系。

根据洪水自身的特性和造成影响，洪水风险可以进行以下分类。

6.1.1.1 积极的风险与消极的风险

由于洪水风险具有利、害两重性，因此首先可将其区分为积极的风险与消极的风险。

积极的风险包括：①洪水事件产生的后果，本身具有利、害两重性。如洪水泛滥，造成了财产损失，但同时可能补充水源，改良土壤、改善环境，对于半干旱地区，后者尤为重要。对于此类风险，关键不是消除洪水事件本身，而是如何趋利避害，如通过控制洪水的淹没范围、淹没深度、淹没时间等，尽量减少损失。②非冒险不能得其利的风险。如水库汛期超汛限水位蓄水，以防备当年水库上游少雨的情况，提高供水保证率。但是因此可能增加水库应急泄洪的概率。这种情况下，风险越大，可能利益越大，可能的损失也越大。风险超出一定限度的方案，可能是损失无以承受的方案。而风险最小的方案又可能是无利可图甚至在其他方面带来不利影响的方案。因此，在这种情况下，往往不是以风险最小作为决策选择的依据，而需要加强暴雨洪水的监测预报，审时度势，精心调度，量力而行。

消极的风险是一种必须全力预防、尽力消除的风险。如病险水库，汛期不能正常发挥调蓄洪水的功能，一旦溃坝，将会造成毁灭性的灾难。

6.1.1.2 短期风险与长期风险

根据风险发生时间的早晚与持续时间的长短，可以分成短期风险与长期风险。

短期风险包括：①近期内存在的风险，后果可能较明确。如施工期间的水库与大洪水遭遇的风险，需要有针对性地采取适当的防范措施。②事件发生之后，影响时间较短的风险。如电力系统遭受水灾之后，立即会导致一定范围的停电，一旦险情与故障排除，供电即能恢复正常。对于短期的风险，关键是对可能发生的情况做出充分的估计，做好应急预案，并采取适当的临时性的防范措施。

长期风险包括：①影响长期存在的风险。水库建设之后，水库上游库区土地面临新增的水库高水位蓄洪时受淹的风险。②影响要在较长时间之后才可能显现出来的风险。事件可能发生在较远的未来，部分后果可能是明确的。如水利工程老化后产生的风险。对于长期的风险，关键是要探讨与风险共存的发展模式，有计划地采取永久性的防范措施。

6.1.1.3　可承受的风险与不可承受的风险

根据洪水事件对承灾体影响的程度，可以将风险分为可承受的风险与不可承受的风险。

可承受的风险包括：洪水淹没范围、受灾人口、人员伤亡与资产损失等占相应各项指标的比重很小，不至于引起社会的动荡、金融的波动、秩序的紊乱、企业的破产、大量的伤亡等。少数重灾区能够得到社会的有效救援，快速恢复重建。

不可承受的风险包括：损失占家庭、企业与社会资产的比例过大，严重妨碍了正常的生产、生活秩序，超出社会的救助能力、导致社会的紊乱与经济的波动、短期内无力消除水灾损失的恶劣影响等。

6.1.1.4　固有风险与附加风险

根据区域间洪水风险的关系，可以将风险区分为固有风险与附加风险。

固有风险是指区域本身可能面临的风险，如蓄滞洪区，历史上都是调蓄天然洪水的相对低洼的地区。在没有分洪工程的情况下，本身就面临受淹的可能性。

附加风险是指局部地区防洪标准提高之后使其他地区风险加重的部分。例如，由于重要地区确保安全而使其他地区损失加重部分的风险。附加风险应该得到受益地区的补偿。

6.1.1.5　内部风险与外部风险

对于发展与防洪两大系统来说，洪水风险可以分为内部风险与外部风险。

内部风险是指防洪体系本身产生的风险，如溃坝风险、溃堤风险、洪水预报失误造成的风险，防汛抢险措施失当的风险，防洪调度指挥失误的风险等。

外部风险是指防洪体系所面对的自然系统、社会系统各方面存在的各种风险。

6.1.1.6　可控制的风险与不可控制的风险

根据洪水的规模与实际控制的能力，洪水事件的风险可以区分为可控制的风险与不可控制的风险。

可控制的风险是指在监测、预测、调度指挥及工程系统可靠的情况下，处于控制能力之内的风险，在法律制度完善与执法系统得力的情况下，人为造成或加重的风险。

不可控制的风险是指超标准风险，失去约束的人为加重的风险。

6.1.1.7 可回避的风险与不可回避的风险

根据区域洪水的特性与成灾体的特性，洪水风险可以区分为可回避的风险与不可回避的风险。

可回避的风险是指通过采取必要的措施，在洪水期间可以回避的风险。

不可回避的风险是指在洪水期间无有效措施可供采取的无以回避的风险。

根据重现期不同，可以将洪水分为不同等级。根据 2009 年 1 月 1 日开始实施的《水文情报预报规范》(GB/T 22482—2008)，重现期小于 5 年、5～20 年、20～50 年、大于 50 年的洪水分别为小洪水、中洪水、大洪水、特大洪水。

6.1.2 洪水风险管理

洪水管理的主要核心就是对洪水的风险管理。洪水风险管理是指为把洪水灾害损失控制在最低程度，分析发生洪水灾害程度的大小，采取相应对策，对受洪水威胁地区的社会经济活动进行全面管理的工作。

近年来，由欧洲保险业提出的风险三角形概念，已被广泛采用。该定义认为“风险”是可能产生的损失，取决于承灾体受灾可能性、危险性和易损性 3 个要素。这 3 个要素好像三角形的 3 条边，任意一条边伸长或缩短，三角形的面积即风险就会增大或减小。这一概念不仅使风险的评估成为可能，而且可以分别针对风险的 3 个要素制订各种减灾对策。引用洪水风险概念，即在做出处理洪水的决策时，估计未来洪水发生可能存在的不确定性或风险、对策、措施就应该包括对这种洪水风险的余地。

人类不可能完全控制或驾驭洪水的风险，而只能通过工程措施以及非工程措施等手段，降低洪水的灾害及其程度。所以人们必须承受适度的洪水风险，因为完全消除这种风险是不可能的或付出的成本代价是相当昂贵的。洪水管理的重点是风险管理，即识别风险、估计风险、评价风险、规避风险与应对风险，其中最重要的是规避风险和应对风险，而规避风险的核心是约束人类不合理的社会经济行动，降低洪水灾害的风险，如控制滞洪区或排洪工程周边的开发以减少洪灾风险；应对风险的关键是转移风险和分担风险，转移风险的目的在于通过各种措施，以全局的观点，从流域或区域出发，实施洪水在时间上和空间上的转移与降低，从而达到以最低的代价最大限度地减少洪灾损失与保护生态环境的目的。分担风险就是将风险损失在不同利益主体之间、经济社会发展与生态环境建设之间进行分配的过程。

对洪水风险的探讨，首先应该强调的是寻求一种更加合理的治水理念。同时我们要在洪水管理的过程中，坚持追求适度和有限的目标。只有适度承受一定限度的风险，以不同形式合理地分担风险，我们才可能寻求人与自然和谐、区域及部门之间相互合作、水利与国民经济协调的发展之路。另外还要把握洪水风险管理的本质，即综合利用法律、行政、经济、技术、教育与工程、非工程的综合手段，管理好洪水，减少洪水的危害，更高层次是利用洪水，变害为利。

6.2　洪水风险分析的内容

6.2.1　洪水灾害风险分析

洪水灾害风险分析主要包括风险识别、风险估算和风险评价。洪水灾害的风险分析是洪水管理的主要内容，只有把洪水灾害风险问题弄清楚，管理洪水才具有针对性。

6.2.1.1　风险识别

风险识别主要是识别洪水本身的风险及其他影响洪水灾害发生的主要风险因子。在考虑洪灾风险时，不能只考虑洪水本身的风险（洪水事件发生的概率），其他一些对洪灾风险来说很重要的因素也需要考虑。需要考虑的风险因子有以下 5 种。

①水文因子：包括融雪、降雨特性，流域的降雨径流关系和河网特性。降雨特性包括降水量的空间和时间分布，样本的代表性，雨量数据的精度和数量，分

析和模拟的方法等。流域特性包括湖泊、水库和滞洪区、湿地的储水量等。

②水力因子：包括河道内的河水演进特征，演进模拟的方法和公式等，这些依赖于河道的几何特征、粗糙率、河底坡度以及洪泛平原的特征。还包括防洪工程，如堤坝、防水闸、涵、堰、泵站、桥等的作用，排水河道中泥沙的影响，如侵蚀、冲刷和淤积等，以及风和浪的影响。

③工程因子：基础的地质特性，堤坝底部渗流及防渗，堤坝内部侵蚀或管涌，堤坝强度不稳定性，堤坝背水面的渗流破坏和其他土壤结构问题。建筑坝或堤防的材料类型和质量，在工程施工和运行期的影响大坝或堤防质量的温度和湿度变化等。

④管理因子：包括洪水来临前和洪水期的滞洪区调水调度规程，突发事件发生时的操作规程，河道的安全监测和洪水预警，工程运行管理和检修规程。

⑤其他因子：包括社会、环境、生态等因子。如对研究受堤防保护区域或滞洪区的洪水灾害风险来说，风险因子除了洪水本身的风险（如洪水漫顶、冲毁排水河道等风险），还包括排水河道的结构和操作方面的风险（如滑坡、管涌、水工建筑物的管涌、崩岸及操作失误等）。后者的影响甚至远远超过了前者的影响，而且随着工程建成运行，后者的作用会越来越明显。

6.2.1.2 风险估算

风险估算一般是通过对区域洪水成因、洪水特性（包括洪水概率、流量、水位等）、水利工程状况进行分析。首先分析洪水的频率，然后采用历史洪水调查法、水力学模型试验、水文学方法或数值模拟计算等方法，确定区域不同地区的洪水及洪水淹没特性参数（包括淹没水深及水深分布、淹没范围、泥沙冲淤分布、流速、淹没历时等）；再对区域内的社会经济状况（如人口、资产等）分布和抗灾能力进行分析，得出不同高程下的主要资产类型和资产价值；之后结合由经验或调查取得的这些资产在不同淹没水深下的洪灾损失率，估算区域在不同频率洪水下的洪水灾害直接经济损失和间接经济损失，并利用频率曲线法、实际典型年法或保险费法估算期望损失。

在风险估算过程中，可以采用风险树法、幕景分析法、随机有限元法等多种方法。

（1）风险树法

利用图解的形式将大的故障分解成各种小的风险，或对各种引起风险的原因进行逐步分解。这种方法应用领域广、简单明确，能够比较迅速地发现存在的问题。

（2）幕景分析法

通过对风险主体进行各种类别的风险仿真和模拟，以描述风险主体的未来状况。风险分析人员根据各种仿真和模拟来分析未来可能危害风险主体的各种风险因素。

（3）随机有限元法

是基于蒙特卡洛法与有限元直接结合而发展起来的用于处理结构分析中参量随机性的方法。它的基本思路是对随机变量进行各种不同形式的展开，再对样本使用有限元程序反复计算，并统计分析结果。随机有限元法又分为摄动随机有限元法、Taylor 展开随机有限元法和 Neumann 动力随机有限元法。随机有限元与可靠度计算相结合是目前人们不断探讨的课题，具有强大的生命力和广阔的发展前景。

（4）加权综合评价法

综合考虑了各个因子对总体对象的影响程度，把各个具体的指标的优劣综合起来，用一个数量化指标加以集中，表示整个评价对象的优劣。

$$V_j = \sum_{i=1}^{n} W_i D_{ij} \tag{6-1}$$

式中：V_j —— 评价因子的总值；

W_i —— 指标 i 的权重；

D_{ij} —— 对于因子 j 的指标 i 的归一化值；

n —— 评价指标的个数。

（5）层次分析法

该方法提供了一种将问题条理化、层次化的思维模式。它根据问题的性质和达到的总目标，将问题分解为不同的组成因素，并按照因素间的相互关联、影响以及隶属关系将因素按不同层次聚集组合，形成一个多层次的分析结构模型，并最终把系统分析归结为最低层（供决策的方案措施等）相较于最高层（总目标）的相对重要性权值的确定或相对优劣次序的排序，可以据此确定风险的等级。

（6）最大熵值法

风险分析中常用的一个有关熵的概念是最大熵原理。在防洪系统风险分析中，许多风险因子的随机特性都无先验样本，而只能获得它的一些数字特征（如均值）。要从均值的无穷多个概率分布中选择一个作为真分布，其优选标准就是最大熵准则。设相互独立的随机变量 x_1 、x_2 ，风险指标 X，则关系式 $X=G\left(x_1,x_2\right)$ 可建立如下的基于最大熵准则的风险估计模型：

$$\max S=-\int_R f\left(x\right)\left[\ln f\left(x\right)\right]\mathrm{d}x \tag{6-2}$$

$$\text{s.t.}\ \int_R f\left(x\right)\mathrm{d}x=1 \tag{6-3}$$

$$\int_R x^i f\left(x\right)\mathrm{d}x=M_i \quad \left(i=1,2,3\right) \tag{6-4}$$

$$x\geqslant b \text{ 或 } x\leqslant b$$

$$f\left(x\right)=\exp\left[\lambda_0+\sum_{i=1}^{3}\lambda_i x^3\right] \tag{6-5}$$

$$\lambda_0=-\ln\left[\int_R \exp\left(\sum_{i=1}^{3}\lambda_i-x^i\right)\mathrm{d}x\right] \tag{6-6}$$

式中：S —— 熵值；

R —— 随机变量的取值范围；

b —— 保证变量有意义的值；

M_i —— 第 i 阶原点矩；

$f\left(x\right)$ —— X 的密度函数；

λ_0、λ_i —— 拉格朗日因子。

通过非线性化解求得到

$$1-\int_R x^i\exp\left(\sum_{i=1}^{3}\lambda_i x^i\right)\mathrm{d}x/M_i\int_R \exp\left(\sum_{i=1}^{3}\lambda_i x^i\right)\mathrm{d}x=r_i \tag{6-7}$$

$$\left\|r_i\right\|\leqslant c$$

式中：c —— 给定允许误差；

M —— 原点矩；

R —— 残差；

r_i —— 第 i 阶残差。

求式（6-7）残差平方和的最小值 $\min r = \sum_{i=1}^{3} r_i^2$ 就可以得到问题的解。

熵理论方法虽然还在完善之中，但其发展带来的在不确定性问题分析方面的突出表现是非常引人关注的。最大熵原理在水利工程经济效益风险分析、水环境评价、水电站投资风险等方面的应用都取得了非常好的效果。

（7）重现期法

应用于洪水频率分析的时间较长，计算方法也相对成熟。它仅考虑自然事件和洪水或降雨的随机性，并通过频率分析说明其统计特性。由于其简单易行，在水文水资源以及水利工程领域中得到广泛应用，但其计算精度受历史资料的制约程度较大，且不能估算复杂系统的总风险。

6.2.1.3　风险评价

风险评价主要是根据洪水风险估算的结果，评价洪水风险的大小，风险评价可以从技术、经济、社会、政治、环境、生态等多角度进行，而且根据不同的价值观会有不同的评价。

①从洪水本身的特性来讲，根据洪水的洪峰流量、洪量及洪峰水位等特征对洪水进行等级划分，是评价洪水本身风险大小的一种方法，若是选用洪峰水位和警戒水位两个特征量，提出了划分洪水大小的幂函数洪水等级公式。另外，洪水风险图是了解区域内遭受洪水灾害的危害性大小的一种直观科学的地图、它是依据流速、淹没水深和淹没历时等参数，将滩地、分蓄洪区或受洪水影响范围划分为危险区、重灾区、轻灾区、安全区等区域。绘制洪水风险图是风险评价的主要内容。依据不同的用途，洪水风险图可以分为基本风险图、专题风险图和综合风险图。基本风险图是将洪水基本要素（如淹没范围、淹没历时、淹没水深、流速等）在行政区域图上表示。专题风险图是依据不同的风险决策者制作的不同用途的风险图。综合风险图是服务于防洪政策各项工作的包括多层次信息的风险图。一般是利用 GIS 技术制作，包含洪水基本要素、灾害损失信息、防洪工程信息等的综合风险图。

洪水风险图的制作常用地貌学法、历史洪水法和水动力学法 3 种方法。

地貌学法是把洪泛区的水系特征与地形起伏特征结合起来进行分析，从而确定洪水风险的分布特征。事实上，洪泛区的地形特征在很大程度上是洪泛区水系长期塑造的结果。日本地理学家 Masahiko Oya 根据地图与航空相片绘制了一张反映万象地区湄公河洪水风险的地图。

历史洪水法是通过对历史上发生的大洪水的调查，勾绘历史上大洪水的淹没范围来反映洪水风险。我国有关洪水灾害的历史文献丰富，在历史大洪水调查分析方面做了大量工作，如我国对长江流域 1870 年等的调查，并绘制了洪水淹没范围图。但对于无或较少历史资料的洪泛区，历史洪水法受到限制，且精确度不够。

近年来，因计算机技术的发展，水动力学方法受到重视，GIS 与水动力学方法结合，体现其独特功能并反映洪水危险性分析的趋势。例如，“3S”技术和情景分析法不断应用于洪水风险管理方面。1984 年，中国水利水电科学研究院与水利部海河水利委员会合作开发了永定河泛区二维非恒定流洪水数值模拟模型，进行了永定河泛区洪水演进计算和分析，并据此绘制了我国第一张洪水风险图。

洪水风险图是融合地理、社会经济信息、洪水特征信息，通过资料调查、洪水技术和成果整理，以地图形式直观反映洪泛区发生洪水后可能淹没的范围和水深，从而可以预知和分析不同量级洪水可能造成的风险和灾害。地图是表现灾害区域差异的最直观的形式，我国已经出版了多部灾害地图。

②从经济角度来讲，风险评价主要包括评价洪灾期望损失（或多年平均洪灾损失）的大小，洪灾期望损失占国内生产总值的比例，防洪工程设施的防洪效益等内容。以防洪工程的防洪效益为例，要判断防洪工程建设是否经济可行，可以归结为在洪灾风险损失和实施防洪工程建设的费用之间能否找到平衡点。一方面，可以估计大洪水造成的损失；另一方面，可以计算实施防洪管理所需的费用。总费用等于投资加上损失现值。当综合费用曲线取最小值时，就可以说该防洪工程在经济上是最优的，防洪工程经济效益最大。

洪水灾害的年期望损失（EAD）定义为灾害事件发生的概率（或频率）与该概率事件所造成损失的乘积的积分，是度量洪水灾害风险的主要指标之一，计算式如下：

$$\mathrm{EAD}=\int D_P\mathrm{d}p \approx \sum_{i=1}^{N}(D_{i+1}+D_i)\cdot(P_{i+1}+P_i)/2 \tag{6-8}$$

式中：EAD —— 洪水灾害年期望损失；

D_P —— 洪水发生概率为 P 时的损失；

P —— 洪水发生概率。在实际计算中，洪水发生频率（可能性）P：通常取 0.002、0.005、0.01、0.02、0.05、0.1、0.2、0.5、1.0 等。

洪水灾害宏观损失率（FMP）是反映水灾风险对国民经济的影响程度或国民经济对洪水风险承受能力的指标。其定义为洪水风险区的水灾年期望损失（EAD）与国内生产总值（GDP）之比：

$$\mathrm{FMP}=\mathrm{EAD}/\mathrm{GDP} \tag{6-9}$$

我国洪水灾害风险区（占国土面积约 10%）的 GDP 约占全国 GDP 的 70%，根据近 10 年的统计，每年的水灾损失率为 1%～3%。

防洪工程体系的防洪效益定义为防洪工程体系所产生的减灾值与该体系投入之比。设年减灾值为 TLR，投入的年成本与工程的年运行费用之和为 ARC，则防洪工程体系的防洪效益（BLR）计算如下：

$$\mathrm{BLR}=\mathrm{TLR}/\mathrm{ARC} \tag{6-10}$$

式中：TLR —— 年减灾值，为无相应防洪工程体系时的年期望损失与该防洪工程建成形成后的年期望损失之差。

该指标不仅可用于评价现有防洪工程体系的防洪效益，还可用于评价规划工程的总体效益。

③从社会政治角度来讲，洪水是否造成社会动荡，是否造成大量人口的迁移及死伤，受洪水影响程度都是评价洪水风险大小的内容。

④从生态环境角度来讲，防洪工程设施的建设是否破坏生态环境，洪水对自然环境、生态系统的影响，洪灾对社会的可持续发展的影响等也是评价洪水风险大小的内容。

综上所述，评价洪水灾害风险的指标包括以下 3 个方面。

- 技术方面：洪水等级、洪水区划。
- 经济方面：洪水灾害经济损失、洪水灾害期望损失、洪水灾害损失率、洪水灾害期望损失占国内生产总值（GDP）的比例、人均损失、地均损失。

- 社会环境生态方面：因灾死亡人口、受灾人口率、环境破坏度、社会稳定度、生物多样性。

6.2.2 洪水风险的影响分析

洪水风险是永恒的，也是当代治水活动中新兴的一个理念。对洪水风险的探讨，首先应该强调的是寻求一种更加合理的治水理念，一种更为有效的治水模式。探讨的目的是协调处理好人与洪水之间、人与人之间基于洪水风险的利害关系，以利于解决沿袭传统治水理念与方法已经难以处理的治水新问题。

6.2.2.1 洪水对承灾体的直接影响

洪水发生时，建筑物及其内部物品会受到各种直接影响或间接影响，如城镇的地铁、地下室等地下设施会进水淹没。直接影响主要是指洪水对建筑物及其内部物品的损坏；间接影响是指工商业的损失。

洪水对建筑物的影响可能是毁灭性的，高速水流甚至可以席卷全部建筑物和设施。由于建筑物的类型不同，洪水特性也不相同，一些建筑物会在洪水中幸存，但是也会遭受冲刷或咸水的侵蚀，需在洪水过后维护修复。洪水特性，包括淹没水深、流速、淹没历时和污染物含量等因素都将对洪水破坏程度产生影响。例如，突发性洪水的高速水流可能造成居民财产和建筑物的毁灭性破坏。

缓慢上涨的洪水对建筑物的影响主要包括：①水流渗入建筑材料导致材料慢性腐蚀；②积水产生的水压导致建筑结构变形甚至崩塌；③水流流经建筑物或其地基，造成建筑物移位；④水中的化学物质或者污染物与建筑材料发生反应，损坏建筑物；⑤洪水造成电力系统中断，导致次生灾害。

突发性洪水和海洋洪水对建筑物产生以下几个方面的影响：①相较静态水体，流动水体会对建筑物产生更大的侧向压力；②流动水体造成冲刷和侵蚀，会掏空基础并最终导致建筑物崩塌；③水流中夹带的沙石、杂物撞击建筑物，破坏结构的稳定性；④如果油箱和建筑物发生碰撞，会引发火灾。

一般情况下，流速越大，对建筑物造成的破坏也越大。与此同时，水深也是影响洪水破坏程度的一个重要因素。研究表明，当水深大于 6 m 时，洪水将对建筑物造成结构性破坏。2015 年全国因洪涝致使 15.23 万间房屋倒塌；2016 年全国因洪涝灾害倒塌房屋 42.77 万间；2020 年，全国因洪涝造成堤防护岸、水库、水文站等水利工程设施损毁，其中四川省水利设施直接经济损失 120.71 亿元，安徽省水利设施直接经济损失 111.61 亿元；2021 年全国房屋共倒塌 9 万间，不同程度受损房屋不计其数。

6.2.2.2　洪水的间接影响

除上述直接影响以外，因城镇的自然环境与人类活动之间存在复杂的相互作用和相互依存的关系，洪水还会造成间接影响。间接影响通常难以立即识别且更难以量化。事实上，直到洪水消退之后的很长时间，这些间接影响才会完全显现出来。这些间接影响主要分为以下 4 类。

（1）自然环境影响

在地形陡峭的地区，强降雨常会导致水土流失、泥石流或滑坡，泥石杂物俱下，破坏基础设施，特别是道路。夹带高浓度泥沙和其他杂物的洪水，淹没城市地区，消退后留下淤泥杂物。清除这些泥沙和杂物成本高且耗时长。在某些极端情况下，泥沙可能淤埋整个城镇或其一部分，因无法清除而废弃。搬迁可能是唯一的解决方案，这将涉及修改土地区划。

有机质含量较低的泥沙淤积耕地表面可能导致耕地沙化，影响城郊蔬菜或其他作物的生长。在有些地区，作物收获可能永远不会回到灾前的水平，从而对部分人的生计和健康造成影响。强降雨也可能导致植被的破坏（无论是自然生长还是人工种植的），或者导致植被的缓冲能力削弱。原始森林高树冠覆盖率非常高，能很好消除降雨能量；而次生林或出于经济原因种植的树木则不太可能形成高树冠覆盖，因此，其消能作用大幅减弱。这可能导致土壤植被覆盖率的减少和更强的地面径流，从而增加土壤侵蚀与沟蚀的风险。在热带地区，因地震或龙卷风引发的海啸可能破坏沿海珊瑚礁，从而削弱珊瑚礁群耗散波浪能量的能力，加速海岸侵蚀。加之目前许多地方海平面上升的速度快于珊瑚生长的速度，使洪水风险进一步增加。

由于飓风和海啸，导致咸水入侵，使一些农田，包括那些位于城市周边原本种植高价值蔬菜的农田，不再适合某些作物的种植。这就需要花很长时间和精耕细作来降低土壤盐度，而且在很多情况下其盐碱度可能永远无法降低。在有些沿海地区，咸水淹没的土地被转化为水产养殖，但会带来一系列复杂的问题，如土地所有权、土地利用规划、水质量和水管理等。例如，1991 年的孟加拉国吉大港飓风后，此类问题进一步复杂化，由于疫病在咸水虾间蔓延，迫于水产养殖者的压力，该国调整了水资源管理系统，从而为水产养殖者提供更多的淡水。1987 年、1988 年、1998 年等全国性大洪水后，孟加拉国政府出台了相关的政策以应对洪灾。2000 年出台了国家水利政策、2001 年出台了国家水资源管理规划、2013 年出台了水利法案等。

（2）人口和社会影响

洪水过后的幸存者有一系列迫切需求，包括安全的饮用水、食物和住所。这些幸存者可能会有心理创伤并且非常脆弱。具有讽刺意味的是，有时，洪水警报、人员疏散和安置措施的及时有效实施，会增加流离失所的难民数量，因为如果没有这些措施，也许有更多的人在洪水中死亡。应急行动所拯救的人会使灾后救助变得更为艰难，还可能增加难民死亡率。可见，有效的洪水预警和备灾是以灾前充分的物资储备和可行的灾后恢复计划为后盾的。

洪水造成的人员伤亡对灾区人口分布影响很大，可能导致社区人口年龄结构不平衡。1991 年孟加拉国飓风后，对两个受灾地区进行的流行病评估显示，10 岁以下儿童死亡率最高；超过 10 岁的男性死亡率最低（约 4%）。此外，对于女性，随着年龄的增加，死亡率逐渐增高，死亡率最高的是 60 岁以上的女性（约 40%）。在孟加拉国以及其他国家，人口结构的变化在灾区内不同地区也有差异，很大程度上反映了洪水风险分布具有高度局部性的特点。

洪水对人类健康的影响非常严重。有证据表明，在一些洪水事件中，水传染疾病或与水相关疾病造成的死亡人数远多于溺水造成的直接死亡。例如，在 2007 年孟加拉国洪水中，腹泻和呼吸道疾病造成的死亡人数最多，其次是蛇咬致死。灾后人类健康还与自然环境和生态是否平衡密切相关。例如，洪水泛滥或风暴潮可能会破坏淹没区自然环境，扰乱生态平衡，会加速疾病的传播和细菌的繁殖，导致霍乱暴发或疟疾发病率增加。有研究认为，洪水过后疾病传播和流行风险的增加取决于人口密度和迁移情况，以及自然环境改变或破坏的程度。2009 年，菲律宾在接连两场飓风造成将近 1 000 人丧生后，一些污水尚未消退的地区又暴发了钩端螺旋体疫情。据菲律宾国家流行病学中心的数据，截至 2007 年 10 月 26 日，已确诊 2 158 例感染病例，其中 167 人死亡。2012 年斐济西部连续发生的两次极端洪灾造成了南太平洋有记录以来最大的钩端螺旋体病疫情，共有 1 217 例疑似病例，其中 314 例确诊病例。洪水期间和洪水之后，确保灾区足够的清洁水源供给对于灾民健康至关重要。烧水燃料缺乏的问题也时有发生。通过水传播的疾病主要有霍乱、腹泻、痢疾、伤寒以及疟疾、登革热、黑热病和钩端螺旋体病等。另外一个明显的健康问题是对幸存者的心理影响，包括滞后的心理创伤。许多幸存者（包括儿童）会受到严重的心理创伤，这类问题需及时且谨慎地处理。大量研究表明，自然灾害（包括洪水）可能引发各类心理疾病，诸如创后应激症（PTSD）、抑郁症和焦虑。例如，2010 年 8 月印度北部的强降雨导致山洪暴发，严重破坏了房屋和基础设施，拉达克历史上没有发生过重大灾害，在 318 名幸存者中造成 2 例创伤后应激障碍和 5 例重度抑郁。2019 年日本在发生洪涝灾害的两周内，心脑血管疾病患者数量显著增加（2019 年为 149 例，2017—2018 年平均值为 116.5 例），分析原因可能与心理问题有关。考虑到灾害对健康危害的广泛性和严重性，卫生行业创立了“灾难医学”或“灾难健康管理学”等新学科和新方法，以应对灾后健康问题。

（3）经济和金融影响

除恢复重建成本以外，洪水直接影响还会造成其他的连锁后果。

①对长期经济增长的影响。在评估洪水对经济的长期影响时，必须同时从地方和国家两个角度来考虑。灾害对那些直接受灾地区会产生很大影响，但对国家经济的影响则要小得多。一些局部影响，如对旅游业的冲击，可能被其他地区的贸易增长所平衡。通常，小到中等规模的灾难可能对国家资产负债表没有影响。研究发现，在国家层面上，灾害和经济增长之间的关系复杂而多样。有证据表明，频繁的自然灾害对国家的经济有积极的一面。这个过程被称为“创造性毁灭”，它基于的假定是，重建活动会增加就业并且更新设施。Skidmore 和 Toya 在对 89 个国家的自然灾害进行分析后撰文指出，发生气象灾害的频率与人力资本积累、总要素生产力的增长以及人均国内生产总值的增长正相关。Noy 发现，一个国家在灾后重建时的资源调动能力会影响灾难和经济的关系。但是，从长远来看，发展中国家不太可能从灾难中受益。其他研究反驳了这些结论，但是 Kim 发现了气候灾害和地质灾害之间的差异，他指出前者对长期经济有积极影响。Loayza 等发现

中等程度的洪水事件对经济增长有显著的积极影响，但是更大规模洪水的积极影响很小。

②对发展目标的影响。由于缺乏保险，大部分低收入国家会挪用其他发展目标的资金进行洪水后的救援行动。在特大自然灾害面前，政府可能面临资金困难，需要通过国际援助、发行债券和推行保险等弥补国家税收的不足。Gurenko 和 Lester 估计，印度自然灾害的直接累计成本均值高达中央财政收入的 12%。这对国家经济的影响重大，将导致重要的基础设施投资被搁置或取消。此外，更新基础设施的投资可采取私人和公共的融资体系。可能要以牺牲当前的发展为代价来换取资金。经济上的优先次序取决于更广泛的社会需求，因此，经济影响应惠及比直接遭受洪水影响的地区更大的社会范围。目前面临的挑战是，政府和私营单位如何齐心协力地确定重建的优先次序。洪水的另外一个影响是因恢复经济，灾民直接或者间接承担的债务负担。这一负担将进一步增加灾民的压力，降低他们应对形势变化的财力，使他们变得更加脆弱。

③对生计的影响。在家庭层面，生计可能受到严重影响。其严重性与洪水对就业能力的影响有关，尤其与受灾家庭中是否有成员在洪水中丧生或受伤，以及他们对家庭的社会和经济贡献密切相关。单亲家庭，特别是单亲妈妈容易丧失生计。在更广泛的社区层面，洪水之后会需要某些具有特殊技能的人才，如重建基础设施的人才，但幸存的人可能无法满足该需求。

④贸易中断。因灾害的直接破坏或贸易中断的间接影响，商业活动在灾后往往会衰退。贸易可能因为缺乏基础服务（如自来水供应、废水收集和处理、电力、道路和通信的中断）反过来会对除灾区以外的更多地区的经济造成严重影响。重建基础设施非常复杂（如修复电站重新供电）和耗时耗资。2011 年的日本海啸既对本国经济造成了巨大损失，也对全球经济产生了影响。例如，世界各地的汽车装配厂都受到了日本制造的汽车零部件供应不足的严重影响。

尚可继续运营的企业可能要用几个月的时间才能恢复正常。洪水中丢失的文档会阻碍企业复苏，导致交易订单和发票开具被推迟，并延长保险索赔的时间。其他可能的间接影响包括：费用增加，需求不足，市场份额的短期降低，失去骨干职员；因受伤、交通困难或参与恢复工作导致人手短缺，生产效率降低，供应减少，许可吊销，失去质量认证等。对许多企业来说，这些影响是灾难性的，有报道称，43%的公司在经历自然灾害后倒闭，幸存企业中的 29%在两年内倒闭。

（4）政治和制度问题

严重的水灾将对政府机构的灾害应对与处理能力提出严峻的挑战，这一现象在防灾减灾能力较弱的欠发达地区表现得尤为明显。政府组织与非政府组织所扮演角色之间有巨大的差异。政府组织表现不佳或不作为将会大幅降低政府的公信力，这在 2005 年美国新奥尔良“卡特里娜”飓风中表现得非常明显。在某些案例中，政府在分配救援物资时出现不公正等问题，会令捐赠者寒心，从而导致他们对未来的救灾援助犹豫不决。另外一个主要社会问题是如何保障人们避灾时遗留资产的安全。社会的贫穷阶层往往自助能力较差，但反过来讲，他们所损失的财产实际上不会很多。在灾害和恢复过程中还可能存在种族和性别歧视，这也将导致社会政治的不稳定。

6.3　洪水灾害风险管理

洪水灾害风险管理是指人们对可能遇到的洪水风险进行识别、评估和评价，并在此基础上有效地控制和处置洪水风险，以最低的成本实现最大安全保障的决策过程。它是一个连续的、循环的、动态的过程，主要包括建立洪灾风险管理目标、洪灾风险分析、洪灾风险决策、洪灾风险处理等步骤（图 6-1）。

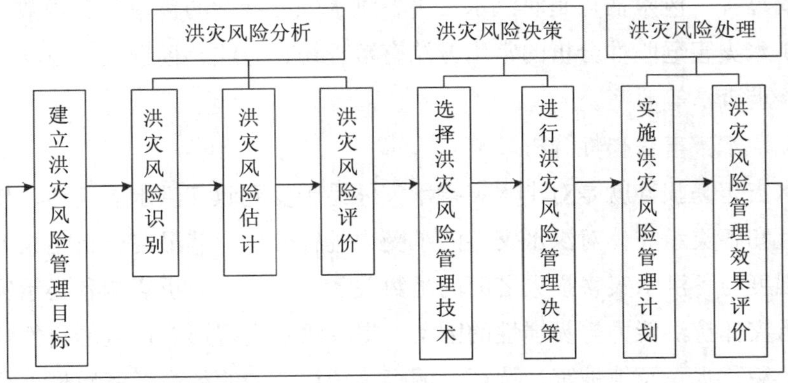

图 6-1　洪灾风险管理基本程序

6.3.1 洪水灾害风险管理的内容

6.3.1.1 洪水灾害分析

洪水灾害风险管理（flood disaster risk management）是分析、评价、预防和处理洪水灾害风险的一项复杂的系统工程。从洪水灾害风险形成机制和风险处理的角度，可把洪水灾害风险管理分解为洪水灾害危险性分析、由洪水灾害易损性分析、洪水灾害灾情分析和洪水灾害风险决策分析 4 个相互联系的部分。其中，洪水灾害危险性分析是洪水灾害风险管理的前提和基础，从洪水灾害危险性分析入手，通过洪水危害易损性分析这一中间环节，就可以进行洪水灾害灾情分析。洪水灾害灾情分析是洪水灾害风险决策分析的依据，洪水灾害风险决策分析是洪水灾害风险管理的核心，随着人类社会实践活动在强度和广度两方面的不断深入，人类社会与自然环境的相互依存关系越来越紧密，所以多年来对洪水灾害风险管理的研究一直是全球的热点问题。

（1）洪水灾害危险性分析

洪水灾害危险性分析就是研究某地区在特定时间内遭受何种洪水灾害类型，并分析该洪水灾害各洪水强度指标的概率分布函数，其主要内容是风险识别和风险估计。风险识别是指对尚未发生的、潜在的以及客观存在的影响洪水灾害危险性的各种因素进行系统的、连续的辨别、归纳、推断和预测，并分析产生风险事件原因的过程。风险估计是对洪水灾害各洪水强度指标的概率分布函数的分析和估计。洪水灾害危险性分析的常用方法有数理统计方法、模糊数学方法、系统仿真方法、调查法等。

（2）洪水灾害易损性分析

洪水灾害易损性就是对洪水灾害承灾体易于受到致灾洪水的破坏、伤害或损伤的特性和各类承灾体对洪水灾害的承受力进行分析，其最终分析结果就是建立各洪水强度与各洪水灾害损失之间的函数关系。例如，分析影响各类承灾体分布密度和承灾体抗洪能力等易损性的因素，提取洪水灾害影响地区的自然环境（如地形、地貌、水系及植被等）特征，调查、统计有关的社会经济数据（如社会经济发展水平、人群的年龄、性别、文化程度和工作性质等结构特征，防洪基础设施建设、防洪减灾保障体系建设以及人们防洪减灾教育水平和水患意识的强弱等），分析和计算不同地区各类承灾体在不同时间、不同种类、不同强度的致灾洪水的作用下，所具有的不同的损失响应。洪水灾害易损性分析常用方法有调查法和统计建模法等。

（3）洪水灾害灾情分析

洪水灾害灾情分析是在洪水灾害危险性分析和洪水灾害易损性分析的基础上，计算研究某地区在某时间范围内可能发生的一系列不同强度的洪水给该地区造成的可能损失，估算这些可能损失的概率分布，并依据研究地区的灾情指标集，应用建立在一定的灾情指标体系下的洪水灾害灾情综合评估模型，对该地区的洪水灾情进行综合评估，为洪水灾害管理提供风险决策依据。洪水灾害灾情分析的常用方法有实地调查法、基于计算机技术的空间技术方法（如地理信息系统方法）和各种综合评价方法等。

（4）洪水灾害风险决策分析

洪水灾害风险决策分析是根据洪水灾害风险管理的目标和宗旨，在洪水灾害危险性分析、洪水灾害易损性分析和洪水灾害灾情分析的基础上，在面临洪水灾害风险时从可以采取的监测、回避、转移、抵抗、减轻和控制风险的各种行动方案中选择最优方案的过程，是整个洪水灾害风险管理的核心工作。受自然因素、心理因素、社会因素等影响，洪水灾害风险决策分析属于多学科综合集成方法。

6.3.1.2　洪水灾害风险管理

洪水灾害风险管理主要包括对洪水的调度和预测中的风险管理、防洪工程风险管理、蓄滞洪区风险管理、防洪投资风险管理、防洪决策风险管理和洪水生态环境风险管理等。因此，只有将这些内容把握好，才能正确地管理洪水灾害的风险。

①蓄滞洪区的风险管理：主要是针对河堤背水面以外临时储存洪水的低洼地区及湖泊，包括城镇防洪减灾设施的管理，洪水预报、警报系统以及防洪救灾体制的建立与管理、洪水保险制度的建立等。

②洪水生态环境风险管理：包括对各类防洪工程建设以及排洪、补水等对流域内生态系统、环境质量的影响进行评估；制订保护生态、改善环境的补偿计划并逐步实施；对洪水灾害发生后所产生的环境生态影响进行调查和评估等。

③防洪决策风险管理：主要针对上述各项管理过程中的决策进行管理，从而避免由于决策失误而造成的不良影响，包括决策科学化、制度化。如建立辅助决策信息管理系统、决策支持系统，以及建立和完善相关的法规体制等。

总之，洪水灾害风险管理应该贯穿洪水灾害的全过程，包括灾害发生前的日常风险管理和灾害发生过程中的应急风险管理以及灾害发生后的水毁工程恢复过程中的风险管理。

6.3.1.3 洪水灾害风险管理措施

过去面对洪水威胁时，通常采取堵塞和疏导的方式来处理，其核心是“抵御洪水”，然而中华人民共和国成立以来，随着社会发展进步和社会局势相对稳定，现代的治水思想与以往有很大的差别，在处理洪水风险的问题时，已不再是简单地抵御洪水，而是强调对洪水的全过程管理，由抵御洪水转为减轻洪水灾害造成的损失，使之最小。

洪水风险管理措施可以分为工程类和非工程类两大类。

工程类主要是通过进一步完善水库、水坝等水利设施建设，降低洪水灾害发生的风险；对难以达到防洪要求的河流，要加强清淤疏浚、河道清障等工程建设；坚持系统推进、统筹规划、因地制宜的原则，加强中小河流防洪治理工程、山洪灾害易发区逃避险工程和山洪沟治理工程建设，进一步提高治洪能力；贯彻落实江河湖库治理，保证大型河流、重点中小河流主要河段达到 50 年一遇和 10 年一遇防洪标准；将城市、县级市提高至百年一遇和 50 年一遇防洪标准，进一步增强防洪体系抵御洪水灾害的能力，及时应对洪水灾害产生的潜在威胁，最大限度地减轻洪灾损失。

非工程防洪体系是指除防洪工程体系外其他服务于防洪减灾的技术、行政、经济和法规体系。非工程体系主要有以下两个方面。

（1）有效的机构和利益相关者

个人难以承担洪水风险管理的全部责任，而且某区域的洪水风险管理行动可能对相邻区域产生负面影响，如图 6-2 所示。因此，洪水风险管理的最佳方式是依靠利益相关者的联合行动。

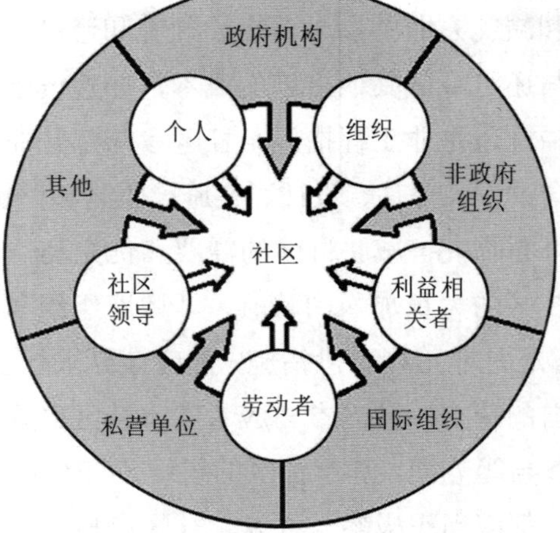

图 6-2　洪水风险管理中设计的利益相关者和参与者关系

为实现联合行动，通常需由相关机构制定正式和非正式的规范，或确定“游戏的规则”，促进和约束人的行为。就其性质而言，洪水风险管理应由多机构共同推进。一系列机构在其中发挥着重要的作用，这些机构包括地方、省和国家政府，社会团体，公用事业和民营企业，金融机构和保险业等。为了应对洪水风险管理所面临的挑战，建立有效的管理机构至关重要。

城市洪水风险管理面临的挑战包括以下 4 个方面：

①信息方面：缺乏风险意识或认知；难以应对气候变化的不确定性；难以应对城市发展、城市规划和城市非正式开发的不确定因素；缺乏对洪水风险综合管理对策的了解。

②权属方面：如何明确责任所属；缺乏担当，持有“不属我的任期内”的想法而拖延疑难决策和实施，而将责任推卸给继任者；缺乏私营部门参与；缺乏公众参与及协商。

③资源方面：资金或资源不足；对土地利用法规缺乏监督和执行；缺乏配套的基础设施；缺少技能型人才；基础设施维护系统不适宜；实际成本和预期成本。

④信念方面：对防洪措施的有效性缺乏信心；措施的预期成本；对风险的后果和措施带来的效益存在消极认识；对政府能够起到的作用和带来的改变缺乏信心。

（2）社区的参与

社区在洪水准备和减灾方面的参与对诸如预警和避洪转移等措施的成功实施至关重要，社区的参与还可降低其他措施的成本，如建设当地防洪系统或维修排水系统等。无论工程措施还是非工程措施，社区参与都是非常重要的。社区参与洪水风险管理项目的全过程（评估、设计、实施、监测和评价），是确保所采取措施公平有效，满足所有面临灾害威胁群体的需要和优先利益的前提条件。

社区的参与可将社区的力量加入由政府、非政府组织和私营单位等实施的防洪措施中。无论是工程还是非工程防洪措施，都应该寻求社会各界的意见和参与。

每个社区都有各自的特点。社区参与应考虑本社区的规模、收入、单一性、合作的历史以及政治参与等方面。基于社区的组织（CBO）、社区负责人和从事社区工作的非政府组织，都应当积极参与进来。社区参与至少应确保：

①所有居民，包括生活在受洪水影响区域的弱势和易被忽视的群体，都收到有关实施措施的信息，并享有在项目全过程发表意见和参与的权利；

②所采取的措施应反映风险社区，尤其弱势群体的实际需求、优先事项、焦点问题和价值，以及保护的效果；

③设计的措施应最大限度地利用当地的技术能力。

6.3.2 洪水风险管理中的决策方案选择

洪水灾害风险管理的目标就是合理调整人与自然以及人与洪水之间的关系，从而实现人类的最大安全保障和可持续发展。其中，实现最大安全保障是指选择工程措施以及非工程措施中最经济和最有效的办法，使洪水灾害风险降低到可以被人们接受的程度，可以分为灾前管理目标、灾害发生时的管理目标以及灾后管理目标。灾前管理目标是选择最经济有效的方法来减少或避免损失的发生，如进行洪水预报、洪灾警报发布、防洪工程的规划与实施以及防洪调度的预案等工作；灾害发生时的管理目标是当时及灾情发生后，监测实时水情、雨情以及工情信息，确定最合理有效的调度方案，并组织好抢险与避灾转移等工作。这需要防洪管理部门针对洪水风险来提供可选择的不同方案，包括：

①回避风险。回避风险是指当考虑到风险事故存在和发生的可能性比较大时，主动放弃或改变某项可能引起风险损失的活动，以避免产生风险损失的一种控制

风险的办法。回避风险实质是减少或消除风险内的承灾体，这是从根源上消除风险的一种办法。

②降低风险。常见的工程措施包括加高滞洪区堤坝和排洪渠道的整治、修建避险道路、避水场所等；非工程措施包括洪水预报、洪水预警、加强河湖水域管理、健全防险救援（设计好避难路线、做好抢险避难的宣传工作）、加强风险区管理和安全建设（适当限制高风险区内的经济发展、雨洪资源化利用）等。

③分散风险。目前采取分散风险办法主要是洪水保险，洪水保险的目的是将部分地区所受的洪水灾害的经济损失合理地分散到广大受保护地区内，即用众多投保户积累起来的保险费去补偿受灾保险户的损失。实行洪水保险不仅可以使受灾的保险户在灾后及时得到补偿，快速恢复生产，还可以减少政府救济费，减轻国家财政负担，又可以限制洪灾区的发展，减少洪水灾害的损失。

④转移风险。当洪水灾害可能威胁到重点保护区域时，主动将灾害转移到其他非重点保护的区域，从而减少总体受灾的损失。转移风险是一种牺牲局部来保大局的方法，但考虑到公平性的原则，受保护的区域应该给予牺牲区域一定的经济补偿。

6.3.3　洪水灾害风险管理的主要方式和原则

6.3.3.1　洪水灾害风险管理的主要方式

洪水灾害风险管理主要包括洪水检测、洪水预报、防洪调度、灾中救援、灾后重建等内容。洪水灾害风险管理主要是通过法律、行政、经济、技术、工程等手段来实现最大安全保障和可持续发展的目标。

①法律管理。当今社会是一个法律社会，所以对于人们社会经济活动的制约就需要采取法律手段。通过法律手段可以强制性地限制并杜绝人们进行与预防洪水相关的违法、违规行为，相关法律有《中华人民共和国防洪法》《中华人民共和国水法》《中华人民共和国河道管理条例》等。

②行政管理。行政管理是指通过行政手段指挥和协调防汛减灾的行为。需要明确的是，我国的洪水灾害常规管理主要是由直属于国务院的国家防汛抗旱总指挥部领导进行的。防汛指挥部门在进行洪水灾害管理工作时，只对防洪工程的调

度运用、大江大河的防御洪水方案的编制修订进行管理，对流域内所从事的防洪以外的活动无权管理。因此，在有关各省、自治区、直辖市之间就防洪问题发生纠纷时，防汛指挥部门只能起协调的作用，流域内的经济开发活动与防洪发生矛盾时，防汛指挥部门也只能起监视和提供咨询的作用，无法直接管理。当前体制下，存在防洪工程的建设施工与调度运行脱节、工程的建设与养护脱节的现象。

③经济管理。通过经济政策的制定与实施，影响或控制人们各种各样的经济活动，从而创造出一个有利于减灾行为产生的环境。经济手段在洪水灾害管理方面是一个相当重要的手段。若对在蓄滞洪区内侵占水面等行为进行惩处，并建立一套完整的蓄滞洪区管理的法律文件。如美国的国家洪水保险计划中规定，任何社区只有参加了洪水保险，在既定的洪泛区征地或开发建设时才可能获得联邦政府或联邦机构的资金援助。如果不参加洪水保险，灾后将不能享受到任何形式的联邦救济金或贷款。

④技术管理。现代科学技术飞速发展，也为洪水灾害风险的科学化管理提供了支持。其中，数据库技术、“3S”技术、进水演进仿真技术、人工神经网络技术等都为掌握洪水发展变化的规律、防洪调度、转移避难，灾后救援等提供了技术保障。

⑤工程管理。目前大部分国家和地区的工程措施都日趋完善并发挥着至关重要的作用，但非工程措施也具有与工程措施的互补性与自身的不可替代性，但还没有工程措施那样被重视，今后非工程措施的建设以及洪水灾害风险管理的任务还非常艰巨。

6.3.3.2 洪水灾害风险管理须坚持的原则

有效地进行洪水灾害风险管理，必须结合各地的防洪特点和工程实际，以及当地社会经济发展水平等多方面因素，需要遵循下列 4 个原则。

①总体利益优先的原则。洪水灾害风险管理的总目标就是以最小的代价实现最大的安全保障。最小的代价指的是总体的成本最小，即总体利益优先。例如，修建蓄滞洪区堤坝或排水河道可能要占用某些农田，但为减少更大的损失，这些措施虽然会使局部损失增加，但对整体全局而言，整体的损失往往更小。

②保障可持续发展的原则。对洪水灾害管理来说，可持续发展就是灾害损失

增长的速度小于社会发展增长的速度。尤其在发展的同时要注意保护自然环境、保护湿地、保护生态环境，避免因为防洪减灾而过分影响环境与生态平衡。在注重防洪减灾经济效益的同时，注重防洪减灾对环境、生态带来的负效益。

③保证公平原则。20世纪50年代，美国在防洪方略的反思中，有专家指出，少数人为了获取更大利益去开发洪泛区土地，却要全体纳税人为他们提供保护，分担损失，这是不公平的。因此，如何处理好蓄滞洪区的发展与防洪减灾的问题，是十分重要的。既要考虑蓄滞洪区周边人口的发展需求，又要保证蓄滞洪区的作用可以得到充分发挥。因此，针对蓄滞洪区我国出台的《蓄滞洪区运用补偿暂行办法》既能够充分体现社会公平的原则，又能保障蓄滞洪区正常运行不受到干扰。

④坚持科学原则。在洪水灾害风险管理的过程中，需要保持科学的态度对洪水灾害管理的各项环节进行认真研究，科学筹划。决策的过程应有水利专家、气象专家、经济学专家、社会学专家等多学科专家共同参与，还应利用现代科技，对洪水灾害的形成和发展规律进行研究，这样才能提高对洪水灾害管理的能力，提高管理效率，实现洪水灾害风险管理的最终目标。

第 7 章　洪水管理与资源化利用实例

7.1　伦敦市城市洪水管理

气候变化和日益的城市化将导致地表水流量的增加和对城市的损害。伦敦市城市洪水管理应用了一种名为 ABM 的模型，可以评估不同适应方案之间的相互作用，以及如何通过房主和政府实现风险降低，并且分析在气候变化背景下的洪水再保险计划的作用。分析强调，虽然财产层面的保护和可持续城市排水系统的综合投资减少了地表水洪水的风险，但高风险地区的持续发展和气候变化的影响可以抵消这些好处。在模拟过程中，即使在复杂气候条件下，洪水再保险计划也能提供可负担的保险。然而，由于地表水流量上升，该计划确实面临着越来越大的财务压力。

环境因素和人为因素之间的相互作用产生了地表水洪水风险。环境因素决定降雨的频率、持续时间和强度，以及雨水冲击地面时产生的径流。降雨可能会渗透到地下，但在具有不透水表面的城市地区，雨水会沿着建筑物和街道流动，并将积聚在地势较低的地方。这些过程由排水管控制，排水设计用于将水从地面或管道中的城市区域输送出去。洪水风险还将取决于该地区和暴露于该事件的人口的脆弱性以及地方管理措施的有效性。

由于城市化的快速发展，复杂基础设施的安装以及由气候变化造成的降水模式的变化，全球城市地区越来越容易受到洪水的影响。洪水事件导致城市关键基础设施和财产受损，城市服务中断，对人们的生活产生很大的影响。鉴于对人口、城市和气候变化的未来预测，此类事件及其影响将来可能会愈演愈烈。在英国，地表洪水被认为是最常见和最昂贵的自然灾害之一，其被列为英格兰国家风险登记册的主要风险。2012 年英国气候变化风险评估已将洪水风险管理确定为未来五年的优先行动领域之一，因为 21 世纪整个英国的风险预计将显著增加。2007 年的夏季洪水事件展示了地表水的严重后果，这些后果影响了英格兰并造成了该国自第二次世界大战以来最大的和平时期的紧急情况。损失的总经济成本估计为 32 亿英镑，其中 25 亿英镑由家庭承担，保险公司的成本为 18 亿英镑。如今，英国正在适应更频繁和更强烈的强降雨期的可能性，并进行紧急和根本性的改变。在英国气候变化预测（UKCP09）表明，由于气候变化，英国未来的天气将以更多的极端降水天数为特征。预计这些不断变化的降水模式将导致英国地表水流量增加。

（1）地表水洪水管理措施

影响地表水洪水的过程非常复杂，包含很多不确定性，这意味着预测洪水的发生和发展极具挑战性，限制了对风险进行预警和规划的能力，还涉及许多部门（包括自来水公司、开发商、保险公司、规划者、地方当局和国家政府机构）。大数据要求评估地表水流量风险，地方一级缺乏资金和能力，并且缺乏对不同地表水洪水风险管理方案的协调，使管理洪水成为一个复杂的问题。然而，有效管理地表水洪水风险对于确保英国能够适应未来至关重要。在研究了不同气候变化情景下不同的地表水风险管理方案如何适用于当地地表水洪水管理，特别专注于可持续排水系统（SUDS），房地产保护措施（PLPM）和新的洪水再保险计划（Flood Re），这些都被认为是帮助管理和降低英国风险的关键措施。第一个是 SUDS，SUDS 的目标是通过最大限度地减少径流（通过减少城市地区的不透水表面）和储存或输送表面水来减少地表水流量，这样就能减小洪水风险。在英格兰，已经开始使用 SUDS，并且自 2015 年 4 月起英国议会下议院声明，所有具有洪水风险的 10 处以上房产的新开发项目必须使用 SUDS。第二个是 PLPM，PLPM 越来越多地被认为是其他防御措施的替代或补充，业主使用这些防御措施旨在防止或减少进入房屋内的水量或减少水进入内部时造成的损害。PLPM 适用于各种类型的洪水（包括地表水洪水），并且对于频繁的低水位洪水而言是最具成本效益的。2007—2011 年英国环境署（EA）在超过 2 000 个家庭中实施了 PLPM 的赠款计划，并且在 2013—2014 年冬季后，政府推出了修复和更新补助计划，以帮助受影响的家庭实施 PLPM。据估计，到 2035 年，英格兰将有约 330 000 处房产可以从 PLPM 中受益。

第三个是洪水保险，它可以补偿家庭成员的损失，但也越来越被视为激励风险预防和适应行动的可能手段。极端天气事件造成的不断增长的损失重新强化了保险在解决气候风险方面的作用。虽然保险被广泛认为是一种有效的金融工具，可以将资源从临时事件后支付转移，但目前的亏损趋势对保险的可负担性和可用性的压力逐渐增大。英国地表水洪水风险的例子凸显了现有保险计划和新的洪水再保险计划所面临的挑战。

（2）英国洪水保险

与其他国家不同，英国洪水保险完全由私人市场提供。金融风险转移由保险行业提供，而承担减少风险责任的主要是承诺进行风险管理活动的政府（国家和地方政府），例如，建造防洪设施以及建造和维护下水道的水务公司的监管部门。2013 年，英国政府与保险业达成了一项协议，即创建了洪水再保险计划，这是一个针对高风险房产的新保险池，于 2016 年春季投入运营。洪水风险较低的家庭仍可获得标准保险，而 1%～2%的高风险房产的房屋保险中的洪水部分可由保险公司转给 Flood Re，为高风险家庭提供的保险费是固定的，其大致取决于房产价值。Flood Re 将由这些保费提供资金，并从所有保单持有人那里征收年度税，再根据其市场份额强加给保险公司。

然而 Flood Re 的财务可持续引发了民众的担忧，担忧其成本会高于提供的利益。尽管 Flood Re 规则期为 25 年，但重要的气候变化并未纳入风险模型。为了应对上述的问题，如何将 Flood Re 纳入整体风险管理和气候变化适应工作是重点。经分析需要一个能够模拟洪水动态变化、风险水平和不同利益相关者做出什么选择的综合模型。

（3）伦敦地表水洪水管理实例

因为伦敦容易受潮汐、河流、地表水、下水道和地下水的影响，所以地表水洪水是伦敦的一个主要问题，并且洪水对伦敦构成了最大的短期气候风险。地表水洪水被认为伦敦气候变化适应战略中的一项挑战。虽然目前伦敦有一些与洪水风险管理相关的计划，但是需要进一步量化风险和信息来优化各项计划。由于发展密集、人口增加和城市地表渗透率降低，伦敦的排水系统正面临着巨大压力。据估计，伦敦约有 680 000 处房产面临风险，140 000 名居民处于高风险，230 000 名居民面临中度风险。2001—2011 年，易受地表洪水影响的住宅数量一直在增加，人造地表覆盖的城市土地比例也在增加。由于缺乏用于休闲或环境保护的未开发土地，伦敦 96%以上的新开发项目都在棕地。然而，许多棕地开发项目都位于风险区，这些区域的数量从 2008 年开始每年增加 0.5%～0.7%。例如，伦敦卡姆登区（图 7-1）是一个区域面积 21.8 km^2，人口有 228～400 人的地区。由于夏季暴雨的特性和该地区的地形，地表水上涨给卡姆登带来了很大的风险。

图 7-1　伦敦研究的边界和伦敦的卡姆登区以及英格兰的位置

基于个体模型（agent-based model，ABM）提供了一种自下而上的方法来理解复杂系统中的动态相互作用，并且可以通过模拟这些系统及其演化来更好地理解系统。此外，通过调整某些模型参数，ABM 可用于研究这些系统未来发展的关键驱动因素、范围和限制，并使可能的策略和进化途径可视化。因此，ABM 作为政策制定的支持工具具有许多优点，例如其可访问性和不同的测试灵活性。该模型旨在模拟洪水风险的动态演变，可促进对伦敦保险机制的调查。ABM 关键过程和相互作用总结见图 7-2。

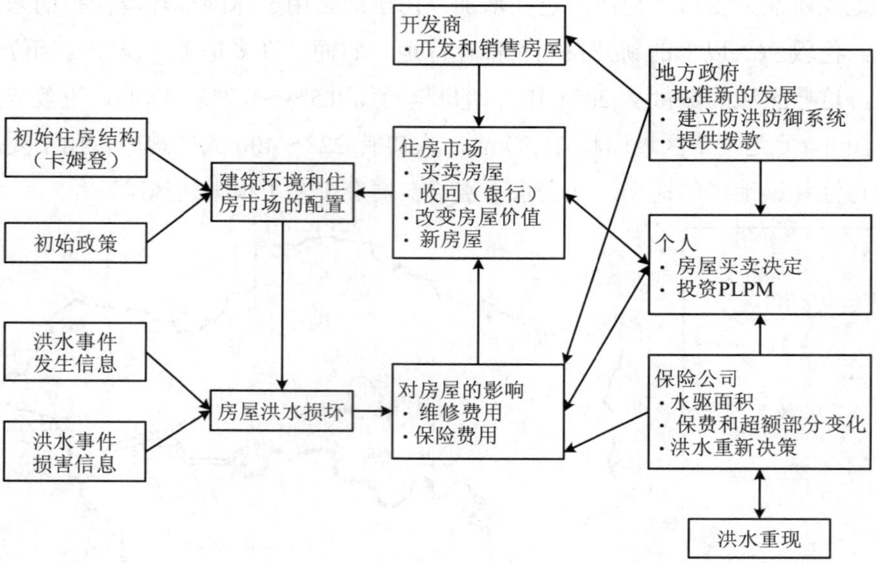

图 7-2　ABM 关键流程概述

ABM 基于对大量数据源进行参数化，并围绕地理信息系统数据进行开发。ABM 的关键输入是地表水洪水概率事件集。这有助于预测和管理地表水洪水风险，提高对地表水排水系统和洪水风险最大地区的认识，并研究降低未来风险的方案。通过使用 TUFLOW 软件构建的伦敦 1D-2D 水力模型对地图进行建模，其中包括地面地形的虚拟表示，然后使用计算方法将水施加到地表以确定所产生水流的方向、深度和速度。通过将空间洪水地图覆盖到住宅建筑数据上，识别出面临地表水洪水风险的房产以及洪水水位。使用已建立的深度损伤函数估算住宅建筑的经济损失。因此，可以提供基于建筑类型和年龄的住宅建筑损坏估计。虽然，伦敦排水系统数据代表了整个伦敦地区均匀降雨事件的模拟效应，而实际上，暴雨在空间上是异质的。因此，将 UKCP09 为基础的空间小时天气发生器（WG）用于生成基线期间（1961—1990 年）的空间降雨事件的合成时间序列数据，通过重新调整使用 WG 检测到的每个模拟流体事件的同质地图，捕获地表水洪水事件的程度和空间异质性，可以优化数据分析。

根据给定洪水返回期间对房屋的估计经济损失，对模型中每个房屋的概率损坏曲线每年估算 1 次，地表水洪水风险为曲线下面积。风险函数见式（7-1）：

$$r_{i,\ t} = \int_0^\infty D(x_t) f(x_t) \mathrm{d}x_t \tag{7-1}$$

式中：$D(x_t)$——x 随时间变化的损伤函数；

$f(x_t)$——概率分布函数。

由于投资于保护措施，每年都会重新计算家庭洪水风险，以反映模型的动态变化。如果安装了 PLPM 或 SUDS，那么住宅建筑的初始估计住宅房屋损坏数据将分别减少 75%或 35%。

图 7-3 显示了 30 年模拟中房屋年均风险的演变，每次模拟运行 100 次。这 3 组模拟对应于基线气候以及 2030H 和 2050H 气候变化情景。

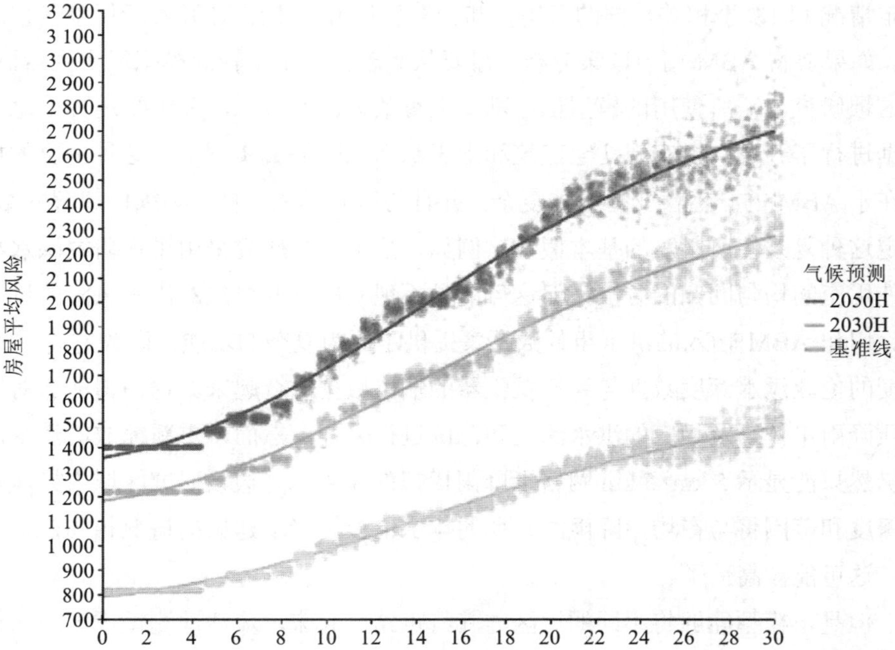

图 7-3　房屋受地表洪水影响的年均风险模拟

模拟结果反映了地表水洪水事件数据集中事件频率增加的趋势。地表水洪水上升趋势的主要驱动因素是模拟区域的房价上涨和新物业的开发，通常是在高风险的地区，这会增加该地区的整体风险。比较气候情景，2050H 情景中，30 年前平均地表水流的性质风险增加了 80%。每个气候情景的结果范围反映了 100 次重复运行，这是由气候情景中不确定性的重新计算所驱动的，以及对行为变化的潜在可能性的表示。这种变化对于 2050H 情景来说是最大的，但即使到了 30 年，与气候情景的运行平均值相比，变异系数相对较小，并且不会影响气候情景中的整体趋势。

ABM 模型用于模拟地表水洪水和改变地表水洪水的风险，以及应用保险决策如何影响未来地表水洪水的风险。该分析具有创新性，因为它具有动态特性，并且可以模拟地表水流风险管理方案的不同组合。虽然重点是卡姆登区的案例研究，但建模方法适用于伦敦的大多数情况，可以扩展到英国的其他地区或其他国家的特定情况（取决于相关数据的可用性和计算资源），包括正在开发新保险计划的领域。如果要将 ABM 用于政策分析，需要从概念模型试验转向模拟现实生活情况。在这项研究中，所使用的模型已经基于大量数据源参数化，并围绕地理信息系统数据进行了开发，以实现住宅建筑和地表洪水风险的真实表示。这种情况的局限性在于 ABM 的必然性变得更加复杂，并且与所有模型一样，必须仔细解释结果，给定这种复杂性所必需的基本假设。例如，虽然许多研究采用了在研究洪水事件时使用空间均匀回归的方法，但这可能是不现实的，并导致对洪水风险的过高估计。用作 ABM 输入的洪水事件数据集提供了更为复杂的功能，因为它将 3 个重现期的伦敦洪水深度数据与天气发生器的输出数据结合起来。这使得能够对空间异质降雨事件以及相应的洪水深度和范围进行采样，然而，重新缩放的洪水深度图仍然只能显示 5 km×5 km 网格上降雨模拟的结果，并假设研究区域内异质降雨的深度和范围将与在均匀降雨回归期的排水伦敦情景下建模的情况相同，如上所述，这可能被高估了。

但是，模型能够将不同的地区与其特点结合起来，灵活地测试不同的条件，灵活地测试和评估不同的政策和选择，以及以空间和动态方式对其进行可视化和量化。因此，它是一个有用的工具，可用于探索和加强我们对风险管理方案和新的洪水保险计划如何在实践中运作，以及对不同地区和洪水重建计划本身的潜在影响的理解。

结果表明气候变化和社会经济发展会加剧目前的地表水洪水风险水平，以及对 PLPM 和 SUDS 的综合投资将降低地表水洪水风险。这无疑增加了对目前在英国开展的 PLPM 试点和政府主导试点计划的支持。然而，在 ABM 模型中，即使使用 SUDS 和 PLPM，平均地表水洪水风险也会随着时间的推移而持续增加，并且在没有试验的情况中它会稳定或下降。鉴于气候变化对地表水流量风险的影响，这说明了未来发展计划与风险管理之间进一步权衡的影响。分析表明，洪水再保险计划将实现其确保可负担的保险费的目标。但是，如果未来的气候变化预测所强调的风险增加，那么新的资金将面临增加的金融压力。为此，ABM 还提供了一个平台来调查最近提出的过渡机制，作为洪水再保险计划的一部分，用于减少未来气候条件下的地表水洪水风险。

7.2　美萩市城市洪水管理

洪水是全球三角洲城市面临的主要挑战之一。为了预防洪水破坏，常用的解决方案是利用防洪基础设施进行洪水风险管理，然而防洪基础设施存在许多问题，如河流生态破坏和跨境利益冲突等。为了实现环境和社会的可持续性，有必要寻找新的洪水管理方案。基于生态基础设施的方法可以将防洪重点从防洪基础设施转移，然而，发展中国家的传统观念认为没有防洪基础设施的城市是不安全的。因此美萩市应用一种新的管理方法，就是在原有的防洪基础设施上结合生态基础设施。生态基础设施可以促进对河流的生态保护，更加符合城市未来生态规划，还可以以自然条件为主体打造多功能景观系统提升城市的生态经济。生态基础设施和防洪基础设施的结合使现在的洪水管理方案更加注重生态保护。

（1）美萩市管理现状

湄公河上游是中国境内的澜沧江，下游三角洲位于越南境内，由于越南湄公河有 9 个出海口通向南海，故在越南被称为九龙江。湄公河流量季节性变化特征明显，主干河道上分布着众多激流及瀑布，湄公河年径流量为 4 750 亿 m^3，居东南亚各河首位，每年的 9—10 月最大洪峰流量曾达 7.57 万 m^3/s，洪水泛滥主要发生在三角洲地区，洪泛面积约 400 万 hm^2。越南湄公河三角洲是位于湄公河两个主要河道上的一条冲积平原，拥有密集的自然和人工河流网络。美萩市（越南语：Thành phố Mỹ Tho）是越南前江省的省会城市，是该省的社会、经济、文化、政治中心，美萩市位于越南湄公河三角洲区域，长期遭受洪水灾害的威胁，城市生产生活都受到极大影响。尽管已经建立了大量防洪基础设施，但当洪水流量超过最大设计能力时，这些基础设施无法应对极端洪水。与此同时，防洪基础设施显著改变了河流的自然形态，加剧了河流生态系统的恶化，限制了城市河流生态的恢复力。基于防洪基础设施的洪水管理切断了人类与自然的联系，无法有效应对由于气候变化而增加的极端洪水事件。从长远来看，依赖建设防洪基础设施抵御洪水来实现防洪安全并不是一条可靠的途径。

在法国殖民时期，殖民者将大片湿地改造成肥沃的农业区，在该地区建立了广泛的运河网络，用于灌溉、水产养殖和定居点之间的连接。他们对河流和运河工程的干预极大地改变了沼泽景观的自然状态，使越南湄公河三角洲成为更加适宜发展的区域，产生了经济和空间效益。越南湄公河三角洲从一个无法耕种的沼泽地变成了一个肥沃的农业土地，专门从事大米出口，被称为越南的“饭碗”。新开通的运河不仅将洪水引入以前很少或不受洪水影响的地区，还创造了新的河流，让海水深入内陆。洪水能给农田带来新的沉积物和营养物质，在三角洲的长期可持续性发展中发挥了关键作用。然而，三角洲社会生态系统的快速变化让许多古老的洪水管理策略失效。城市化的快速发展使大多数三角洲城市存在排水不畅和局部洪水的情况。城市对于高生产力农业政策的重视促进了水资源控制系统的发展。20 世纪 60 年代，湄公河三角洲地区开始建设现代集中式水资源控制系统。到了 90 年代，这一系统得到了大规模的建设。大规模防洪基础设施建设的催化剂是 2000 年的特大洪水事件和新的经济发展政策。

越南湄公河三角洲中心区域的许多大城市是洪水的过渡地区，由于中部地区有密集的运河系统使排水较为容易。然而，这也使得海水更容易渗透到内陆田地，其对上游防洪基础设施和其他局部防洪基础设施的影响十分严重。当海平面上升 38 cm 时，93%的地区将受到影响。潮汐的影响导致旱季的盐水入侵更为频繁和密集，海水很容易渗透到内陆农田，直接影响沿海城市。此外，地下水的过度抽取导致地面以 4 cm/年的速度沉降显著增加了洪水深度，直接威胁到一些建筑密度高的地区。沿着河流和低洼地区的城市化带来了许多长期的风险，夷平低地（比普通地面高 2.0 m）和地面不透水表面数量的增加导致雨水径流速度加快和地下水位下降。同时，加强修建防洪堤坝和为了保护城市周边农村地区的农作物而采取的保护措施，其导致河水水位升高，城市面临的洪水风险也随之增加。此外，几乎所有的城市都位于较低的地理位置（海拔 1.4～2.0 m），在突发情况下，高流量洪水（如上游大坝的溃坝或海啸）的破坏将是灾难性的。虽然修筑堤坝可以保证结构的稳定性，但随着城市和农村之间水渠网络和复杂水路连接更加密集，堤坝的建设成本非常高并具有潜在的大规模社会生态影响。

（2）防洪基础设施在越南湄公河三角洲中的局限性

越南湄公河三角洲地区在面临庞大的防洪基础设施系统的同时，也面临越来越严重的生态和环境问题。这意味着越南湄公河三角洲地区的发展正处于一个十字路口，为了实现环境和社会的可持续，有必要找到新的解决方案。因此，通过回顾越南湄公河三角洲地区防洪基础设施的局限性，以便做出更明智的决定。

首先，由于城市经常从附近的水体中捕获鱼类和获取淡水，防洪基础设施导致的河流生态系统退化对城市产生了巨大影响。此外，居民的主要收入严重依赖于水生资源，而这些资源面临着与极端洪水相关的严重风险，所以生态环境对当地人民生计的影响巨大。如果水位超过防洪基础设施的安全阈值，损失将比以前大得多，农作物和基础设施将被摧毁。高堤坝的典型特征是保护一个区域，但却把洪水问题转移到其他未受保护的区域，从而导致各省之间的利益冲突。例如，同塔省的高堤坝提高了水位，但在隆安省造成水灾损失。

其次，防洪基础设施造成了复杂的跨境利益冲突。国际货币基金组织的建立是为了服务一个国家的利益，但却无形中给另一个国家带来了问题。例如，湄公河上游水坝系统的运行影响下游国家的洪水状况和河流生态。这导致湄公河在旱季的低水位影响了老挝、柬埔寨和越南农业生产和渔业，以及沿海地区日益令人担忧的盐水入侵情况。

最后，如果出现结构性问题，防洪基础设施本身会加剧三角洲城市的洪水风险。依赖防洪基础设施的城市对洪水的抵抗力更强，一旦防洪基础设施失效，洪水将成为一场灾难。例如，大坝决堤会将水和沉积物以非常之快的速度释放到城市地区，这些地区将没有足够的时间疏散。一旦发生这种情况，完好的堤坝将阻碍排水工作，持续的洪水将加剧灾害。事实上，依赖防洪基础设施的城市可能面临一种或多种相反的情况：干旱和稳定，或洪水和灾难。依赖防洪基础设施的城市会过度关注河流反而忽视建筑环境，这会导致他们在应对不断变化的条件时做出缺乏灵活性的调整。此外，气候变化预计将带来强烈的飓风和其他不可预测的困难，这是防洪基础设施无法控制的。

人类-河流耦合系统的概念可以提供防洪基础设施形成的复杂动力学洞察。在湄公河三角洲地区，从殖民时代到现在，出于不同目的的水管理政策导致了水控制的复杂动态。为了系统地分析这些方面，阿尔贝提开发的城市生态研究模型被用作案例研究的分析框架。如图 7-4 分析框架（a）强调组件和流程之间的联系，并描述了反馈回路。该模型的结构简单，便于层次结构之间的集成；分析框架（b）旨在强调连接人类和生态系统两个组成部分的模型和过程，描述人类行为影响生态系统组成部分和受生态系统组成部分影响的反馈机制，以及不同尺度的相互作用程度。有许多因素涉及与防洪基础设施相关的人河相互作用，但本案例侧重于河流城市化、水文状况变化、洪水控制、洪水风险和河流生态系统。

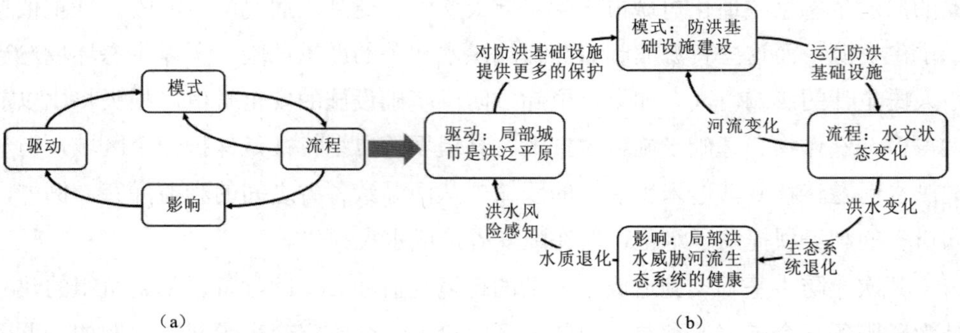

图 7-4 城市生态研究模型

在过去的 3 个世纪里，越南湄公河三角洲的沿河地区由于其空间和生活习惯的特点，已成为一个发展中心并吸引人们定居。在过去的几十年里，人口增长导致了河流空间的快速城市化。除提高农业生产率的需要外，沿河土地正在迅速城市化，防洪基础设施已成为防止洪水和盐水入侵不可或缺的措施。防洪基础设施的工作原理是通过堤坝限制高洪峰，并通过运河将水快速转移到下游，或通过大坝减少上游流量。因此，防洪基础设施极大地改变了水文状况，并有可能在泄洪期间淹没下游地区。防洪基础措施最严重的影响可能是下游水流和沉积物状态的变化，如图 7-5 所示。流量和沉积物的变化导致维持河流生态完整性的水文地质和地貌的变化，降低了栖息地的复杂性。沿河城市化和防洪基础设施的建设使湿地退化，虽然消除了周期性洪水，但也创造了不利于本地物种栖息的环境。由于河流生态功能受到影响，河流生态系统也发生了退化，导致提供的生态系统服务减少。

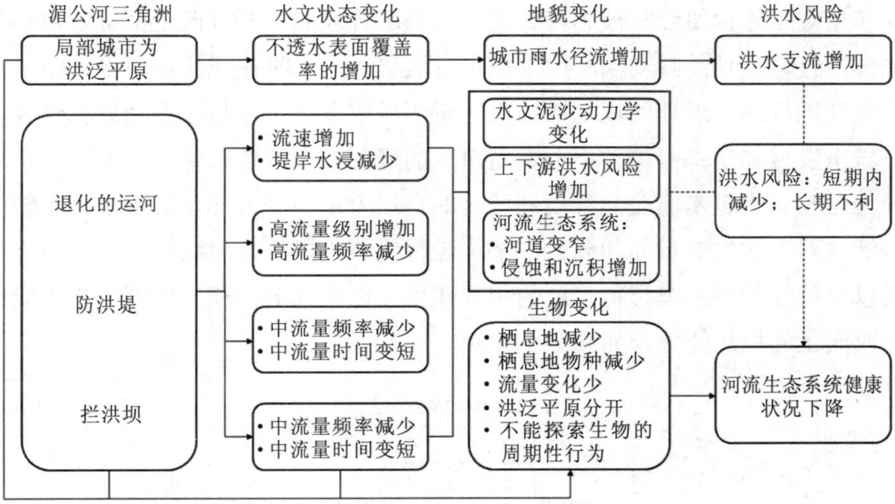

图 7-5　三角洲城市化、洪水控制和洪水风险之间相互作用

（3）生态基础设施在洪水管理中的应用

将越南湄公河三角洲地区的水势网络、农业景观、生态条件结合起来的方法在现有的城市系统和农业之间确立了一种新的关系景观，从而形成了一种基于新生态基础设施提高抗洪能力的思路。通过对城市的测绘，确定了美萩市区的整体结构形态、现有基础设施和农业景观。整体的景观结构分析表明，城市是由 3 个基本因素确定的：穿过城市的河流、现有市区周边农业发达地区以及位于河流中部的两个大岛屿。

以前的规划项目中存在的一个问题是将当地农业景观与长期发展战略分离开来。丰富的农业用地被认为是给城市扩张预留的空间。因此，由水面、稻田、果树、植物和村庄组成的农业生态被单调的城市形式所取代，其价值和旅游潜力被忽视了。在农村地区，土地利用模式已经改变，以水体作为发展的支柱，不仅具有景观的功能，还能保护脆弱的下游生态系统。位于河流中央的天然小岛拥有优美的景观以及其他生态用途的潜力，不仅仅局限于蔬菜、水果和水产养殖。从长远来看，这些小岛可以作为一个生态环境文明城市的形象，规划成生态旅游目的地、主题公园或城市的生物多样性保护地点。

在现实中，水资源在城市设计中通常只受到技术层面的关注，水文的空间、象征和景观生态价值经常被忽视。美萩市洪水管理的主要方向是坚持以自然条件为主体，打造多功能景观系统用于城市发展项目，同时在现代城市设计中部署各种生态基础设施。近期的规划措施已经表明城市发展可以与生态规划相结合。此外，城市发展和生态保护并不一定是对立的概念。在水资源管理方面，与洪水共存的理念和利用越南湄公河三角洲地区的自然力量为城市开发提供了一个新的抗洪方法。对上述生态设计和分析框架可进行修改，以整合层级结构，新生态设计框架以可持续的方式模拟跨尺度的相互作用，以增强城市和三角洲生态系统在空间和时间上的抗洪能力，如图 7-6 所示。

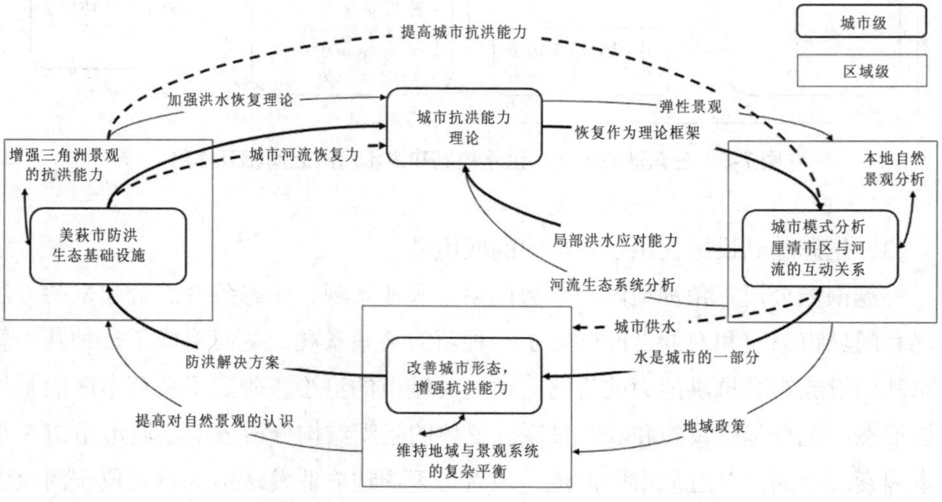

图 7-6 整合层级结构的生态设计框架

美萩市这项洪水管理方法使人们认识到洪水不仅是一种危险，更是三角洲地区的社会生态资产。这是一种循序渐进的从防洪到抗洪的转变，利用了“允许洪水在控制范围内”的方法，也就是说，允许洪水直接转移到可淹没的地区。通过这种方式，城市基础设施能够承受系统级的洪水，生态基础设施在通过为城市提供生态系统服务的同时还具有生态恢复力的作用，可以增强三角洲城市在空间和时间上的抗洪能力。

7.3　吉达市城市洪水管理

近年来随着气候的不断恶化，极端天气频发，城市化的不断发展给河流流域带来了许多变化，严重扰乱了水文径流过程。暴雨、台风天气极易造成城市内涝等现象，给人民生命财产安全带来了极大威胁，同时对城市建设带来了巨大破坏。

（1）吉达市洪水背景

吉达市是沙特阿拉伯的第二大城市，面积约 2 000 km^2，是位于西海岸最重要和最大的中心城市。吉达市东边距离圣城麦加约 70 km，吉达市的阿卜杜勒-阿齐兹国王机场是数百万国际朝圣者和麦加穆卡拉马之间的主要交通纽带，此外吉达市还拥有许多具有国家意义的行业。吉达市西临红海，东部接壤山区，城市呈南北方向发展，城市的海拔由东向西逐渐降低，最低点在红海。东部山脉的山峰海拔高达 400 m，来自山区的雨水通过不同的山谷流入红海。吉达盆地位于乌夫桑和法蒂玛山谷的水道中。该地区为亚热带气候，属山地亚型，常年气候炎热，降水量少且不均匀分布。吉达地处吉达盆地，地势平坦，容易积水并导致城市内涝。与其他地区相比，沙漠地区在经历强降雨后更易形成洪水。沙漠的渗水速率较快，但蓄水能力差，当局部地区的降水强度超过了沙漠的入渗强度时，就极易引发洪水。此外，沙特地区常年干旱，缺乏湖泊河流等水系蓄水，也缺乏有效应对洪涝的防洪设施。而且沙漠地区的人们往往缺乏应对暴雨洪水的准备，因此难以应对暴雨带来的洪水灾害，从而造成更大的损失。据《中东之眼》报道，沙特阿拉伯吉达每年冬季几乎都会发生暴雨和洪灾。2009 年，洪水在该市造成 123 人死亡。2022 年 11 月 24 日，吉达发生强降雨现象，暴雨持续了 6 h。据吉达地区阿卜杜勒-阿齐兹国王国际机场观测站统计，24 日降水量达 86.1 mm，在该站近 33 年降水量记录中居第 3 位，此次暴雨造成两人死亡。吉达城区发生严重内涝，主要街道被洪水淹没，大量汽车被洪水冲走。沙漠地区降水量小且年内分布极度不均，人们往往缺乏预防洪水灾害的意识，因此在暴雨来临时往往形成洪水灾害，造成大量人员伤亡和财产损失。

（2）吉达洪水风险管理

在洪灾频发的情况下，吉达地区建设低影响开发技术设施以管理自然洪水灾害。根据位置、建成区百分比和平均坡度选取了吉达市的 6 个中心区作为研究区域进行洪水模拟。这些地区是米什拉菲亚、阿齐齐亚、阿热哈伯、阿尔瓦哈、巴尼里克和阿纳可。为了创建简单的几何形状并适应地理特征的变化，这些区域进一步被细分为 5 个子区用于水动力模型，如图 7-7 所示，每个子集水区的面积约为 10 km^2，子集水区 4（SC4）的面积约为其他邻近区域的一半。这座城市历史上沿海岸线沿南北向发展，北部地区通常是具有连续发展模式的高收入地区，而南部延伸地区有一些低收入社区。目前，该市也在向东扩张。根据卫星图像，与西部社区相比，东部地区（SC3 和 SC5）的建筑面积集中度较低。吉达市典型的建筑屋顶是钢筋混凝土板，上面覆盖着一层大理石或瓷砖，很少建筑物有隔热涂层。屋顶表面高度不透水，大部分屋顶没有被利用，可用于建造绿色屋顶，用于减少强降雨时地表径流量。低影响开发技术（low-impact development，LID）利用绿色屋顶和透水路面等措施模拟自然水文系统，促进雨水滞留和自然净化过程，代替传统的集中式灰色基础设施。它旨在减少强降雨等现象对人类的影响并从源头加以利用。

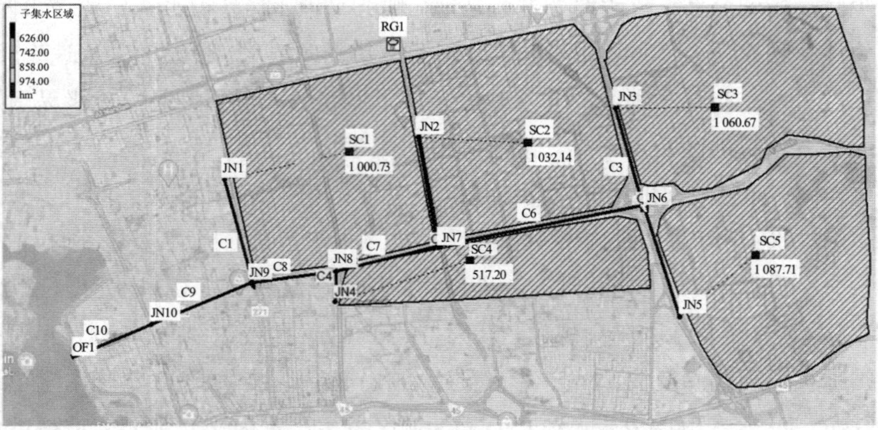

图 7-7　子集水区和水力结构的位置

洪水模拟分析使用美国国家环境保护局开发的暴雨洪水管理模型来完成。LID 系统通过使用 SWMM 中通用 LID 绿色屋顶类型控制来运行。这种类型的 LID 主要取决于土壤的保水性和整体性能，通常应用于屋顶，因此在吉达这种人口稠密的地区可以很容易地使用。它具有成本低、重量轻和不需要专业人员的优点。暴雨输入由单个雨量计提供，该雨量计放置在沙特地质学会的雨量计站附近。雨量计记录了当地的突发性暴雨事件，暴雨于 2016 年 12 月 2 日上午开始，暴雨持续约 3 h，其间出现了两个高峰，据推测这种暴雨的重现期为 3 年。模型中使用了单个雨量计，将历史上的突发性强降雨事件作为系统输入。分析时使用了内置的绿色安培渗透模型。该模型采用土壤属性（如导水率和孔隙率）进行入渗估计，并包含初始水分含量值。绿色-安培渗透模型的数学形式如下：

$$F(t)-|\psi|n'(1-s')\ln\left(\left|1+\frac{F(t)}{|\psi|n'(1-s')}\right|\right)=Kt \tag{7-2}$$

$$f=K\left[\frac{|\psi|n'(1-s')+F}{F}\right] \tag{7-3}$$

式中：F—— 累积入渗；

t—— 时间；

ψ —— 吸头；

n' —— 有效孔隙率；

s' —— 有效饱和度；

K—— 导水率；

f—— 渗透速率。

也可使用运动波路径法模拟地表径流。该方法可以将多余的流入作为冲击，并在容量可用后在系统中使用。运动波路径法的基本方程见式（7-4）：

$$\frac{\partial y_0}{\partial t}+\frac{5}{3N}s_0^{1/2}y_0^{2/3}\frac{\partial y_0}{\partial x}=i-f \tag{7-4}$$

式中：y_0 —— 地表径流的平均深度；

s_0 —— 平均坡度；

N—— 地面流动阻力；

$i-f$ —— 降水量和入渗量之间的数值差。

由于吉达市缺少充分的雨水排出系统，暴雨期间街道和隧道会发生洪水。通过数值雨水排放和处置系统研究了所选地区暴雨的影响。在提出的系统中，每个子集水区都有独立的雨水渠或管道排水。由于吉达天然盆地从东向西排水，因此每个子集水区的管道都沿南北方向规划，它们在研究区域中的位置如图 7-7 所示。

每个子集水区的雨水渠（管道）都通过交汇处排入主线。主线与自然排水路径平行，即从东向西流动。主线包括 5 个管道（C6～C10）和 5 个交汇点（JN6～JN10）。最东端的子集水区 SC3 和 SC5 通过 6 号交汇处流入主线，而所有其他子集水区则通过各自的交汇处流入主线，见图 7-7。最后，干线通过一个排污口（OF1）流入红海。导管采用圆形截面和混凝土材料。假设集水区管道的直径为 1 m，而干线下水道的直径为 1.5 m。

在本案例中，用模型预测模拟了 4 种不同的情形，它们都是基于不透水区域的 LID 处理而设计的。在第一种情景（0%LID）下，在历经了 3 h 的暴雨后的 30 min 时，干线的下游管道有非常高的径流。位于东部的子集水区 SC3 和 SC5 的径流量非常低，原因是坡度较陡并且城市化程度较低，大部分水要么被吸收，要么迅速通过排水系统排出。而在 SC1 和 SC2 两个子集水区域内，由于地形坡度较缓，城市化进程非常高，从而具有相对较高的径流量，高达 2 m^3/s。干线的下游管道也承受着非常高的径流，例如，C9 的洪水约为 7 m^3/s。在一定时间内，大部分降雨都通过这些管道排洪，当超出管道排水能力时，管道无法继续排出额外的降水，因此会导致局部区域无法及时排水，从而形成洪水。

图 7-8 比较了两种不同 LID 应用情景下，子集水区区域内径流量随时间变化的趋势。前者是没有使用 LID 应用的情景下的径流情况，后者则是具有最大 LID 的应用程度情景（70%的防渗区域）的模拟径流数据。可以看出，在降雨开始阶段径流量为零，分析原因可能是由于吉达位于沙漠地带，初始阶段的降雨主要发生入渗现象，此后当降水量超出入渗速度时开始形成径流，当屋面区域容纳雨水超出限度后，屋面的降雨进一步加大了径流量。当径流量达到最大值后，随着降雨的结束，径流量逐渐减小至零。对于图中出现的第一个峰，分析原因可能与短时间内入渗达到饱和后无法继续入渗有关。此外，使用 LID 屋面后，研究区域的

径流量明显减小。当不使用 LID 屋面时 SC3 区域的最大径流量达到 3.8 m^3/s，而当 LID 实施达到 70%时，SC3 区域峰值径流值降低到 1.8 m^3/s，总体径流量明显减少。虽然径流量减小，而径流量随时间变化的流动模式保持不变。

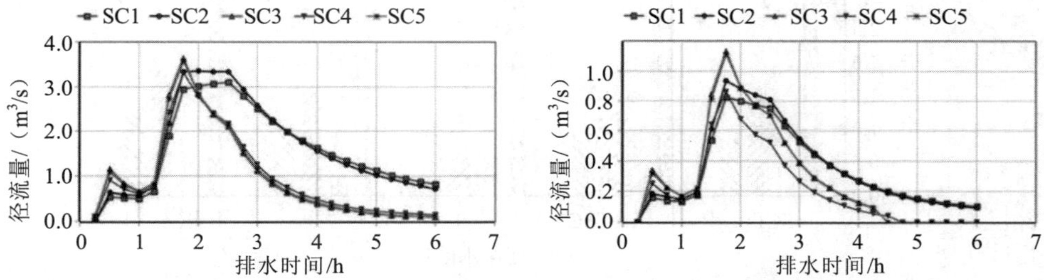

（a）没有使用 LID 技术的地表径流　　（b）LID 使用程度为 70%的地表径流

图 7-8　不同 LID 水平下子集水区径流量

来自上游地区的径流应及时处理，因为排水系统下游管道（SC1、SC2 研究区域的管道）不仅负责本区域的径流量，还要承担上游区域的排水任务。这可能导致下游管道在几小时内负荷过大，并增加了 SC1 和 SC2 地区发生洪水的风险。就地下水入渗而言，LID 的大范围应用减少了雨水向地下的渗透量，这是由于雨水被 LID 截留，到达地面的雨水减少从而导致地表径流减少。在地下水入渗随时间的变化规律中，排水 1 h 后，出现渗透速度极低的情况，分析原因可能与短时间内表层土壤渗透达到饱和有关，随后雨水渗透过表层继续入渗。在所有研究区域内，SC5 子集水区城市化程度最低，地下水入渗最高。这说明城市化程度较低的区域更容易让雨水渗透到地下。

图 7-9 总结了本研究案例中所有的子集水区径流峰值数据。随着各研究区域 LID 设施应用程度的升高，5 个子集水区内的峰值径流量线性下降。其中 SC3 具有最高的流量峰值，分析原因是 SC3 区域内坡度较陡，并且区域内存在大量建筑，城市化程度高，入渗蓄水能力差，雨水很容易汇聚形成径流。随着 LID 应用面积的不断增加，各子集水区因为地形原因和城市化进程高造成的应对降雨能力差这一局面被逐步改善，从而各研究区域的流量峰值之间的差异逐渐缩小。

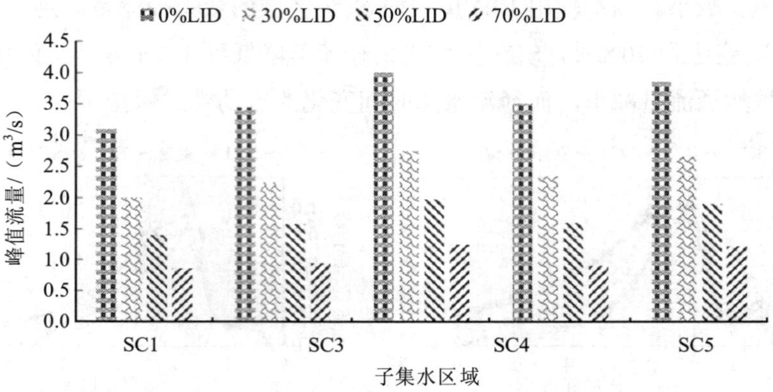

图 7-9　LID 对子流域的洪峰的影响

（3）资源化途径

吉达市开发了一种应用于城市洪水预防与应对的低影响开发技术（LID）。低影响开发技术是一种为了解决当前城市水问题的环境友好方案，主要是利用绿色屋顶和透水路面等措施模拟自然水文系统，从而促进雨水滞留和自然净化过程，代替传统的集中式灰色基础设施，如管道和水库。它旨在减少强降雨等现象对人类的影响并从源头加以利用。自 LID 概念被提出后，为了更好地适应不同条件下的各种水文功能和生态系统服务，已经出现了很多 LID 实践。应用最广泛的 LID 实践有：

①生物截留，也称为雨水花园，通过植物作用对雨水进行截留。它是一种小面积洼地且略低于路面，适宜种植当地乡土植物，一般培以腐土及护根覆盖物等，可成为降雨时暂时储存雨水的浅洼，是园林景观的重要组成部分。

②植被洼地，主要功能是减少产流、控制雨水汇流和增加雨水利用。与普通绿地一样，下凹式绿地同样通过自身结构特征将自身范围内的雨水直接吸收入渗，同时能够容纳周围不同下垫面产生的径流。

③绿色屋顶，通过屋顶的植物作用进行蓄水，可以有效减小径流，此外还具有美观的作用。绿色屋顶的纵剖面构造从上向下依次为植被层、基质层、隔离层、过滤层、排水层和找平层，是一项通过增加绿化透水面的方式从而减少城市不透水面积占比，以达到降低城市雨水径流量、径流系数的技术。

④透水路面，使用的材料有透水性砖、砾石、沙砾砖、草网、卵石等。从结构上可以划分为透水层、缓冲层、砾石透水基层和由原土夯实而成的素土层。砾石垫层和素土层间常铺设一层土工织物或沙子，可起到过滤作用。短时间内出现强降雨天气时，雨水可以向地下入渗，避免短时间内城市排水系统压力过大形成洪水。

⑤雨水储蓄利用系统，可将降雨直接储存起来，也可收集地表径流，在缓解排水管网压力方面作出巨大贡献。此外该系统在局部区域可以形成一个小循环。雨天时储存雨水然后在需要时利用雨水，减小排水管网压力的同时缓解了城市用水紧张，改善了局部自然循环。此系统的具体措施主要包括集雨桶、蓄水池和雨水花园等。

在城市范围内广泛应用 LID 的效果显著。LID 可以减少短时间内的雨水径流，延长雨水的汇聚和排放时间，从而减少城市开发对原来的地表状况和水文环境的不良影响，使城市的开发前后地表水文特征不产生较大差异。科学构建适合市民生活和城市发展的水生态系统，改善城市水循环状况，有效减小城市内部和市政排水管网的雨水径流总量，从而降低雨洪灾害发生的风险。

在雨洪管理方面，在传统向现代管理方式转变的过程中，仅从用地功能性视角研究土地利用对地表径流的影响已经不能准确地反映二者之间的互相作用机制。目前，研究人员往往更加关注研究区域内不同透水性能的雨洪管理措施对径流的作用机理。在如今的城市化建设中要进一步转向“与水共生”的理念，将 LID 措施视为城市建设的重要组成部分。在规划和建设过程中，应充分考虑 LID 的吸、排、滞、纳、净、蓄等一系列方法措施，并合理地在规划区内布置这些措施，以达到降低城市内发生洪水内涝灾害的风险，保护城市内自然环境和人们幸福生活的目的。此案例为其他同类型城市防洪管理提供了可以借鉴的思路。

7.4 帕多瓦市河道洪水管理

河道洪水是欧洲最具威胁的自然灾害之一，需要高效有力的应对策略（包括工程性和非工程性措施）。工程性措施包括修建防洪工程、建立排水系统、加强堤坝建设等，而非工程性措施可以作为工程性措施的补充。非工程性措施包括洪水预报、洪水保险、洪水风险评估、河网优化管理等。意大利帕多瓦市应用了一种河网优化管理方案，通过调整河网控制结构的水闸门操作规则，来控制上游流量、平衡河道水位，从而减少洪水风险。河流网络的优化是通过定义具体的操作规则来实现的，这些规则是离线分析的结果，是静态的，它们的实时应用只基于对河网内不同位置的同步流量变量的了解。对于负责管理河网的非科研人员来说，静态的规则更容易理解并付诸行动。

（1）河网管理

帕多瓦市位于意大利威尼托大区，城市附近的布伦塔河和巴奇里奥尼河以及各种控制结构和互相连接的渠道组成一片河网，见图 7-10，该地区曾遭受过严重的洪灾。由于大规模的城市化，土地利用模式改变以及气候变化导致的降水模式改变，河道情况越发不可控制。更重要的是，由于洪泛区人口密集，工业和农业活动频繁，一旦发生洪水，居民的生命将会受到威胁，财产损失更是难以估计。当地的洪水危险主要是由于河流的最大输送能力在帕多瓦市逐渐减少引起的。现有的水闸正常运行，可以将部分巴奇里奥尼河水引入布伦塔河，平衡河网内不同分支的水位以减少洪水风险。

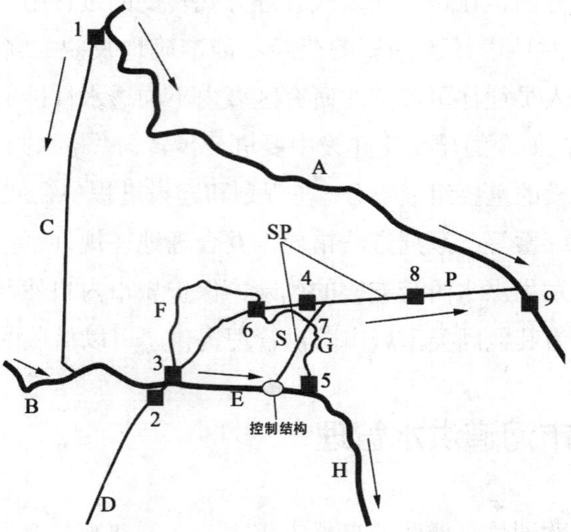

图 7-10 帕多瓦的河网和主要控制结构

布伦塔河流域面积约 1 600 km^2，在位于巴萨诺-德尔-格拉帕的山间盆地出口处（帕多瓦北边约 60 km）可以输送超过 2 500 m^3/s 的水。在帕多瓦市中心以北，它与穆森戴萨西河（流域面积约为 300 m^2，流量为 100 m^3/s）汇合，然后向东南方向流动。在靠近帕多瓦市的地方，沿河的人工堤坝较高，布伦塔河宽变窄。在帕多瓦南部，布伦塔河下游的水流量减少到 1 500 m^3/s。巴奇里奥尼河流域面积约为 1 300 km^2，在帕多瓦市东南边缘可以输送约 800 km^2 的水。在到达帕多瓦市之前，巴奇里奥尼河接收布伦泰拉运河水，该运河被用于在旱季往巴奇里奥尼河输送布伦塔河水。在帕多瓦市区，巴奇里奥尼河一分为三，分别是巴塔利亚运河、斯卡托尔运河、特隆科迈斯卓水渠。

当发生洪水事件时，河网的运行可见图 7-10 和表 7-1。首先城市的二级渠道都与 A 河、B 河断开连接，在 C 运河（1 号）、D 运河（2 号）和 F 渠道（3 号）处关闭入口闸门。在 S 运河和 P 运河交汇处的上游（4 号）以及 G 河和 H 河的交汇处（5 号）都关闭闸门。因为 S 运河和 P 运河可并作一条运河发挥相同的作用，所以接下来统称 SP 运河。二级渠道保证了帕多瓦市中心的排水，通过闸门（6 号）将水由 S 运河下的倒虹吸管（7 号）输送到泵站（5 号），该泵站可以抽送约 40 m^3/s 的河水转移到 H 河。位于 P 运河上的水闸（8 号），通常控制整个帕多瓦市中心的水位，在洪水期间完全打开，以方便将 B 河水排到 A 河。位于 A 河上的水闸（9 号），通常控制 P 运河下游段的水位便于船只航行，它完全打开时能够限制 A 河的回水效应。

表 7-1　帕多瓦河网编号及对应名称

编号	名称
A	Brenta River 布伦塔河
B	Bacchiglione River 巴奇里奥尼河
C	Brentella Canal 布伦泰拉运河
D	Battaglia Canal 巴塔利亚运河
E	Scaricatore Canal 斯卡托尔运河
F	Tronco Maestro Channel 特隆科迈斯卓水渠
G	The old branch of the Bacchiglione River 巴奇里奥尼河老分支
H	Roncajette River 隆卡耶特河
S	S.Gregorio Canal 格雷戈里奥运河
P	Piovego Canal 皮奥维格运河

控制结构是帕多瓦附近和下游洪水管理的一个关键因素。它可以控制 B 河水通过 SP 运河转向 A 河，从而增加 B 河的最大输送量。控制结构由两个不同的多闸门设施组成：R 闸门用于控制上游的水位和和 H 河的流速，它配备了 4 个 7.20 m 宽的水闸；S 闸门用于将部分 B 河水转移到 SP 运河中并流向 A 河，它配备了 2 个 7.20 m 宽的水闸。控制结构的 6 个水闸门的管理实际是手动的，如何运行取决于控制结构上游和下游测量的水位以及 9 号水闸附近的 A 河水位。

（2）河网模型

使用 2DEF 水动力模型（Two-dimensional Depth-averaged Euler equations with Free-surface）模拟了 2009—2014 年发生的 5 次严重洪水事件并进行了校准和测试。模型可以将二维元素与一维河道耦合，通过一组特定的一维链接，可以模拟堤坝决口、山体以及水力设施和装置（如闸门式流量控制和泵站）的运行情况。模拟区域包括博尔扎诺-维琴蒂诺的特斯那河、圣奥古斯丁的瑞河、维亚莱迪亚斯的巴奇里奥尼河、巴兹萨的布伦塔河和卡斯特尔弗兰科威尼托的萨西河，如图 7-11 所示。这些河道都可以看作 A 河的支流，A 河在威尼斯湖南部的布朗多罗附近流入海洋。地形和网格的几何形状是根据航空图像、激光雷达和横断面设置的。

图 7-11　模型区域

模拟区域大概有 30 000 个二维元素和 24 000 个节点、2 600 个一维通道元素和 5 300 个一维链路离散化。一维河道单元用于模拟简单断面的竖直河段，其中必须考虑城市和农村地区的小河道，这对洪水波在最初干旱地区的传播起着重要作用。大多数一维链路被用于模拟堤坝和路堤，剩余的一维链路被用于模拟水闸和泵站。这里将在上游断面博尔扎诺-维琴蒂诺、维亚莱迪亚斯、圣奥古斯丁、巴兹萨和卡斯特尔弗兰科威尼托记录的每小时流量，以及在布朗多罗附近测量的亚得里亚海的水位作为约束条件。

在模拟过去的洪水事件时，负责闸门的土木工程部门对模型执行闸门操作，重现在控制结构执行的实际排水分区。模型通过反复试验进行校准，以获得一套适合不同河段和区域即河床、河岸、洪泛区的粗糙度系数，共有 40 个模型参数。然后通过将模拟结果与位于 A 河和 B 河的 8 个监测站测得的水位时间序列进行比较，再与排放点流量仪的测量结果进行比较，检验模型的准确性。在所有测量站，洪峰水位方面的模型误差一般都小于 20 cm，在排放方面的最大相对误差是 8%。注意提高模型的稳定性和准确性，并优化网格以减少模拟时间。

（3）识别风险等级

根据水动力模型模拟结果，分析不同河段的最大排水能力，定义了风险等级。首先 SP 运河沿线的流量 Q_{SP} 取决于 S 闸门的开启，取决于上游水位以及 A 河的流量。A 河的流量决定了 SP 运河的下游水位。另外，P 运河的堤坝相对较低，在下游水位较高的情况下，必须进一步限制 Q_{SP} 以避免 P 运河下游出现溢流和堤坝的崩塌。水动力模型被用于评估不稳定效应对考虑的渠道网格内洪水传播的重要性。一般来说，考虑复杂河流系统中的水力相互作用仍然是系统性洪水风险管理的一个挑战，尤其是当水流不稳定时。幸运的是，与下游支流的过境时间相比，帕多瓦市的 A 河和 B 河沿岸的洪水波的典型持续时间很长，这样就可以忽略控制结构管理中不稳定的影响。利用模型计算，在稳定流量的条件下 SP 运河可以排入 A 河的最大流量（S 闸门完全打开时）。如果通过提高控制结构上游的水位 h_{ups} 来增加 SP 运河的排水量 Q_{SP}，就意味着减少了 E 运河沿线堤坝上部的额外高度。另外由于回水效应，增加 Q_{A}^{ups} 时，最大可分流水量会减少。正是因为 R 闸门和 S 闸门的联合运行，控制结构上游的水位在某种程度上也可以与堤坝高程兼容，这为整个控制系统提供了额外的灵活性。

不难发现，当洪水风险平均分布到河网的不同分支以及邻近地区时，整个系统的洪水风险最小。利用水力学模型分析渠道网络不同河段的最大排水能力，并定义了 5 个风险等级（表 7-2），每个风险等级对应 4 个变量的特定范围。

表 7-2　5 个风险等级

风险等级	1	2	3	4	5
H 河流量（Q_H）/（m^3/s）	≤100	101～200	201～350	351～500	＞500
控制结构上游水位（h_{ups}）/（m 海平面）	12.00	12.01～13.00	13.01～13.50	13.51～14.00	＞14.00
A 河下游流量（Q_A^{dwns}）/（m^3/s）	≤400	401～800	801～1 200	1 201～1 400	＞1 400
SP 运河沿线堤坝堤顶超高	1	1	0.5	0.5	0.5

注：①H 河的流量 Q_H 代表 H 河和附近地区的洪水危险；
②P 河下游和 A 河交汇处的流量 $Q_A^{dwns}=Q_A^{ups}+Q_{sp}$ 代表下游和附近地区的洪水危险；
③控制结构上游的水位 h_{ups} 可以代表 E 运河沿线和附近地区的洪水危险；
④SP 运河沿线堤坝的堤顶超高代表运河沿线和附近地区的洪水危险。

（4）风险管理

为了实现最低的洪水风险，使其保持在尽可能低的风险等级内。为此设计了一个特定的算法用来优化系统操作。在给定的时间内，根据河网中特定位置的水位和排放量，确定控制结构 6 个闸门的开度，这样可以最大限度地降低洪水风险。已知的变量是 B 河的流量 Q_B 和 A 河上游的流量 Q_A^{ups}，H 河和 SP 河的流量分别为 Q_H 和 Q_{SP}，控制结构上游的水位 h_{ups} 以及 SP 河的堤顶超高。汇合处的质量守恒需要用 $Q_B=Q_H+Q_{SP}$ 和 $Q_A^{dwns}=Q_A^{ups}+Q_{SP}$ 计算。

该算法与水力模型相结合，通过模拟过去的洪水事件来测试其有效性。经过校准的水力模型可以保证所获得的解在自由变量方面是合理的。在设计控制结构的操作规则时，可以确定两种不同的情况：

①当 Q_B≤100 m^3/s 时，根据控制结构以前的管理，S 闸门保持关闭，R 闸门开启保持上游水位 h_{ups} 等于 12 m。

②当 Q_B＞100 m^3/s 时，为了实现洪水风险最小化，S 闸门应部分打开。在这种情况下，算法首先试图将多余的水流量通过 SP 运河排向 A 河来恢复 Q_H 的低风险等级，同时将 h_{ups} 和 Q_A^{ups} 保持在同一风险等级内。在给定的风险等级内，通过赋予 H 河 Q_H 等级范围内的最大值，以便让上游的水位 h_{ups} 和 A 河下游的总流量 Q_A^{dwns} 最小。最后一个控制涉及 SP 运河堤坝的堤顶超高。如果堤顶超高超出范围，算法将关闭 S 闸门。如果不能将 3 个自由变量保持在同一风险等级内，该算法会将 Q_H 假定为更高风险等级。

图 7-12 展示了在 B 河流量增加的情况下，控制结构闸门的操作规则摘要。如前所述，当算法不能将所有自由变量保持在同一风险等级时，首先增加 H 河的流量。

S 闸门										
Q_H /（m^3/s）	100	100	200	200	350	350	500	500	＞500	＞500
h_{ups} /（m 海平面）	12	12	12	13	13.5	13.5	13.5	13.5	13.5	13.5
Q_A^{dwns} /（m^3/s）	≤400	≤400	≤800	≤800	≤1 200	≤1 200	≤1 400	≤1 400	≤1 400	≤1 400
堤顶超高	≥1	≥1	≥1	≥1	≥0.5	≥0.5	≥0.5	≥0.5	≥0.5	≥0.5

图 7-12　控制结构操作规则

图 7-13 展示了对 B 河典型洪水波浪上升的控制结构管理示例，实线是识别风险等级中描述的操作规则，虚线是预警系统中实施的操作规则。只要 B 河的流量 Q_B 低于 100 m^3/s 阈值（风险等级 1），上游水位 h_{ups} 为 12 m，S 闸门保持关闭（Q_{SP}=0）。一旦 Q_B 超过 100 m^3/s 阈值（风险等级 2），打开 S 闸门保持 Q_H=100 m^3/s，Q_{SP} 也对应增加。一旦 Q_H 超过 200 m^3/s（风险等级 3），首先 h_{ups} 上升到 13 m，其次 Q_B 上升到 350 m^3/s。此时，h_{ups} 继续上升到 13.5 m，Q_H 达到 500 m^3/s（风险等级 4）。最后 h_{ups} 上升到 14 m，SP 运河可分流的流量 Q_{SP} 达到最大值，过量的河水被完全排入 H 河（Q_H＞500 m^3/s，风险等级 5）。该算法成功地确定了整个模拟期间的

闸门开度，从而使所有相关变量完全满足表 7-2 中总结的管理标准。

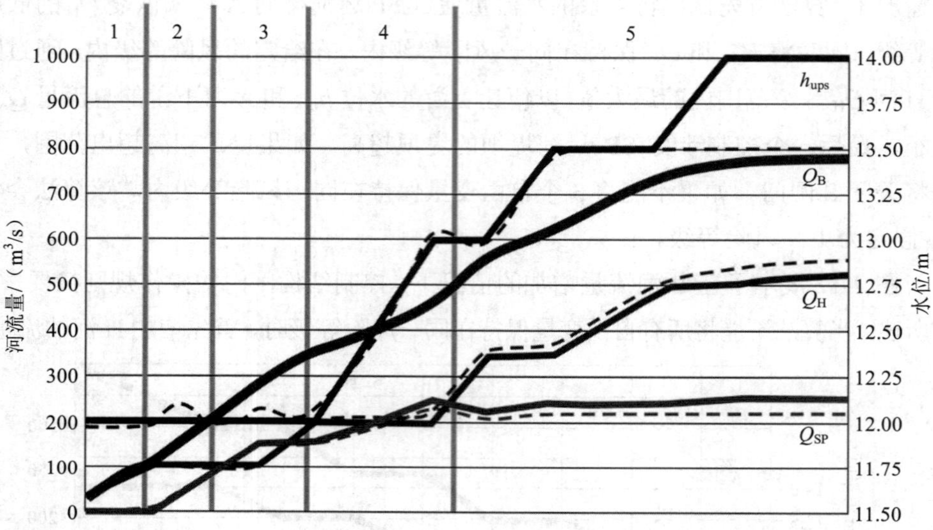

图 7-13　布伦塔河流量达到 400 m^3/s 时控制结构管理示例

预警系统具有以下 4 个功能：①水文气象数据导入和预处理；②运行水文模型并可视化山区出口处的预测流量曲线；③运行水动力模型并分析河网内部和洪水区域的水深、流速和速度；④为相关机构提供超过警戒水位和水位时间序列的摘要和详细报告。

帕多瓦市洪水管理的重点是优化帕多瓦市河网，特别是控制结构的操作规则。操作规则根据 B 河与 A 河的流量和控制结构上游的水位确定分流流量。洪水管理的原则是将洪水风险最小化，这包括将风险平均分配到河网的不同分支。其中提出的方法无须大量额外费用，可以适应不同的情况。考虑到每个河流网络的特殊性，部分需要根据实际情况调整，但基本原理是一致的。最后需要注意的是，应该积极与公共机构和负责管理河网的技术人员合作，最大限度地发挥科学研究的作用。

7.5　印度洪水资源化管理

水资源是世界各国关注的焦点。水资源短缺、水资源分布不均、水环境被严重污染等都是当今社会亟须解决的难题。把洪水看作一种资源，通过储存洪水和分流洪水可以帮助克服水资源短缺的问题。下文介绍了应用于印度的一系列洪水资源化方法，旨在减少洪水风险以及实现水安全。

印度在水资源供应方面存在巨大的空间变化和时间变化，这会造成洪水泛滥、极端干旱等问题。印度北部降水量丰富，甚至经常暴发洪水，但是南部降水并不丰富，再加上处于低纬度热带地区，蒸发量极大，使得南部水资源极为缺乏。近些年印度人口大幅增加，生活用水量和农业用水量加剧，这让缺水问题更加突出。为了满足日益增长的需求，只能采用地表水和地下水。地下水的开发利用会造成很严重的环境问题，在很多地区，已经不能再继续这样的取水方式。各地频繁发生的洪灾和旱灾表明现有的基础设施或洪水管理措施还有待升级和加强。

印度是季风气候，一年之中超过 75%的水流量集中在 6—9 月，其中部分水流用于灌溉农田、充填水库和池塘、发电等。然而，有相当大一部分洪水只是顺着河流向下，湍急的水流造成破坏后汇入海洋。如果能把这部分洪水资源充分利用，不仅能减少洪水风险还能解决各种水资源问题。在上述背景下，印度确保人民用水自由的最佳战略之一就是利用一切合适的手段储存洪水流量。这些洪水可用于补给含水层，也可以转移到面临缺水的地区。现在有很多方法可以实现洪水资源化，接下来详细讨论每一种方法。

（1）大中型水库蓄水

大中型水库可以通过截留河水来控制下游地区的洪水水位。除了防洪，储存的水还能用于满足其他需求。在印度，利用水库蓄水来平衡由季风气候引起的河流流量波动是一个很不错的选择。印度是世界第三大水坝建设国，截至 2000 年有 4 000 多座大型水坝，其中大部分是在 1970—1989 年建造的。虽然一些水坝是为水力发电、供水和防洪而建造的，但印度 96%水坝的主要用途仍然是灌溉。在 2018 年年初，已经完成了 4 877 座大型水坝的建设，313 座正在建设中，这些大型水坝总储水量约为 305 亿 m^3。

为了更好地利用洪水资源，印度还建立了坦纳姆科姆等沿海水库。沿海水库是在河口、海湾或海洋（河流与海洋交汇处）建造的独特结构，用于在季风期储存大量的河流洪水以备将来使用，有助于洪水能够得到富有成效的利用。沿海水库具有许多优点，如没有土地征用问题，没有大坝溃坝等风险，也没有像内陆水库那样的陆地淹没或森林淹没。分析显示，印度的总径流约为 1 887 km^3/年（平均径流系数约为 0.47），其中 1 033 km^3/年的水资源可通过内陆策略进行开发利用，至少 854 km^3/年的洪水流入大海，沿海水库可以储存这部分洪水资源，这足以满足印度的用水需求。

（2）小型水体储水

在印度，水箱和池塘是传统的节水方法，可以用来满足日常饮用、卫生、灌溉等需求，大多数村庄或街区都有一个水箱来储水。池塘和湿地不仅有助于补给地下水还能促进生物多样性。随着时间的推移，由于城市化建设和土地利用，许多池塘被填满。根据维基百科显示，班加罗尔市的水体面积已从 1973 年的 2 324 hm^2 减少到 2005 年的 1 005 hm^2，在大多数地方，水域面积的减少是由于土地用途的侵占或更改。印度的小型内陆水体分布还很不均匀，奥里萨邦、安得拉邦、古吉拉特邦、卡纳塔克邦和西孟加拉邦拥有印度 50%以上的内陆水体。

据《国家湿地目录和评估报告》(*National wetland Inventory and Assessment*)，内陆自然湿地面积约占湿地总面积的 43%。印度的水箱数量约为 1.22 万个，小型湿地数量约为 5.56 万个（包括村庄池塘）。印度约 65%的水箱和池塘位于安得拉邦、卡纳塔克邦、泰米尔纳德邦和北方邦。假设水体平均深度为 1.5 m，就能保存约 8.3 亿 m^3 的水。如果这些水体被扩大或加深，再考虑到雨季补给，那么小型水体可以保存大约 15 亿 m^3 的水。

小型水体可以帮助实现水安全和复原力，以减缓气候变化。应该建立一个包含坐标、水扩散面积、储存能力和其他变量的池塘湿地数据库，便于系统地和有计划地进行相关工作。根据以前的记录和实地考察，需要对被侵占的池塘进行识别和复原，抢救被侵占的池塘可能会涉及各种法律和秩序问题。实地考察过程中也有助于确定可以开发新池塘或蓄水池的地点，最后根据政府的各种计划开展这些工作，其中可能利用到数字高程模型数据、土壤数据、降雨数据和地理信息系统数据库。

（3）洪泛区蓄水

各大江河中下游一般都有广阔的洪泛区。例如，恒河及其支流在其河道的不同地方都有宽阔的洪泛平原，这些平原的宽度从几百米到 1 km 不等，甚至在一些地方会更宽。在这些洪泛区上可以看到各种各样的土地用途，有些土地在汛期后由于残留的水分被用于耕种，有些靠近城市的洪泛区被房屋、办公室和商业区等建筑设施占据，也有洪泛区未被利用开发，还只是一片荒芜贫瘠的土壤。

通过人为干预，江河部分水流量可以转移到洪泛平原并储存。例如，一个宽 500 m、长 50 km、深 2 m 的区域可以容纳 5 000 万 m^3 的水。洪泛平原是一块巨大的海绵，通过吸收水分减少洪水的影响，在防洪中发挥着重要作用。与普通湿地相比，洪泛平原在减少洪水方面具有更大的潜力。这些平原的土壤通常具有高导水性，因此大部分水会迅速渗入地下，洪泛平原可以储存原空间大小几倍的水量。从全国范围来看，储存的水量非常可观。印度的巴拉瓦利（北方邦）附近恒河的洪泛平原、北阿坎德邦恒河支流亨瓦尔的宽阔山谷等地都是适合储存洪水的位置。

（4）跨流域调水

跨流域调水不是一个新概念，它在印度已经实践了 5 个多世纪。西亚穆纳运河和阿格拉运河建于莫卧儿时代，用于将水从喜马拉雅山脉输送到旁遮普邦、北方邦和拉贾斯坦邦的偏远地区，并将水从喜马拉雅山脉输送到旁遮普邦、联合邦和拉贾斯坦的偏远地区。库尔努尔—库达帕运河（1860—1870 年）和珀里亚尔河—维盖河项目（1896 年）建于 19 世纪。最近，英迪拉—甘地运河将水引至拉贾斯坦邦的沙漠。萨达尔 • 萨罗瓦尔项目有助于将纳尔马达河盆地的水输送到古吉拉特邦的萨巴尔马蒂和索拉斯特拉地区。过去几十年里，由于全球许多地区，尤其是在干旱和半干旱地区对水的需求不断增加，大规模的跨流域调水得到了推动。因此，许多大型调水项目的计划已经制定并且已经实施了一些，它们成为各自地区全面发展的里程碑。

在印度，长距离调水的应用甚至早于 20 世纪。泰卢固甘加计划是一个很好的例子，其不仅展示了水利工程的水平，还展示了各邦之间的合作。该项目是为了满足印度南部泰米尔纳德邦日益增长的用水需求而实施的。该项目涉及将克里希纳河的水转移到彭纳河，然后再转移到泰米尔纳德邦的帕拉尔河，总共大约有

350 km。水在安得拉邦的坎达雷鲁水库被提升至 400 m 的高度，然后通过运河系统流入泰米尔纳德邦。该项目为泰米尔纳德邦许多原本缺水的地区提供了灌溉和饮用水供应。从长远来看，调水对于实现可持续的水安全是必要的。为此国家水利发展局制订了一个长距离调水的国家远景计划，称为“河流相互连接”。这个计划由两个部分组成：喜马拉雅山脉部分有 14 条线路，半岛部分有 16 条线路。设想建立一条名为马哈纳迪—戈达瓦里的线路，将雅鲁藏布江、恒河和马哈纳迪盆地的多余水输送到印度南部，在很大程度上可以缓解克里希纳、彭纳、考韦里和瓦盖盆地缺水的情况。主要分为 4 条主路线：萨尔达到拉贾斯坦邦/古吉拉特邦，雅鲁藏布江经恒河至马哈纳迪的玛纳斯—桑科什支流，马哈纳迪到戈达瓦里和克里希纳，克里希纳到考弗里和佩纳尔。水的输送可以通过开放式运河、管道或组合式来完成。从干线或大运河出来的支线可以向沿途地区或附近的缺水区供水。国家水利发展局计划将约 180 亿 m^3 的水从萨尔达转移到拉贾斯坦邦—古吉拉特邦。玛纳斯—桑科什—提斯塔—恒河线将是一条巨大的运河，涉及从雅鲁藏布江流域的玛纳斯河和桑科什河向法拉卡上游的恒河引水约 400 亿 m^3。这些水将增加恒河的流量，其中一些通过马哈纳迪河和戈达瓦里河一直输送到印度南部。其他的路线是马哈纳迪—戈达瓦里连接线（约 11 亿 m^3 的引水）和从戈达瓦里河到克里希纳并南下的约 20 亿 m^3 水。

（5）地下调洪灌溉

许多含水层系统的地下水位大幅下降后形成了可以容纳洪水的空间。地下调洪灌溉（underground taming of floods for irrigation，UTFI）是一种缓解洪水影响的新方法，涉及将洪水转移到枯竭含水层中，储存在含水层中的水以后主要用于灌溉作物。通过安装在上游地区的地下水补给结构（干预措施）来储存可能构成洪水风险的高雨季流量，以保护当地和下游地区的高价值资产（城市、工业、文化等）。这部分储存在地下的水通过农业水井回收，用于满足旱季的额外需求。

对整个恒河流域进行适宜性评估，评估表明该流域下部的大部分冲积平原可能非常适合进行 UTFI，UTFI 的有利条件见表 7-3。另外，还可以从数字高程模型中识别出天然洼地，并用于补给含水层。对于时常干燥和底部清洁的天然补给池来说，土壤的垂直导水率控制着补给量。砂壤土的导水率约为 0.3 m/d，壤质砂为 1 m/d，细砂为 5 m/d，粗砂为 10 m/d。补给率还取决于其他因素，例如，池塘的水深，地下水位梯度，池底堵塞等。这些物体的蒸发率从寒冷潮湿气候下的 0.3 m/a 到温暖干燥气候下的 2.5 m/a 不等，因此与渗透相比，蒸发损失相当小。最后综合理论分析和实地考察，从各种考虑因素，如池塘所有权、池塘大小、村庄意愿、地下水位、洪水的发生概率以及废水对池塘的污染等，对场地的适宜性进行了关键分析后，选择了印度北方邦拉姆普尔区的吉维贾迪德村为试点区域。UTFI 结构主要包括池塘、回收井、回收过滤器、压力计、清淤室等。最后印度—恒河平原兰甘加盆地的 UTFI 每年可储存约 70 000 m^3 的过量洪水，这将足以灌溉 20～30 hm^2 土地。

表 7-3　实施 UTFI 的有利条件和注意事项

地下含水层	深度小于 50 m、非固结层的地下水含水层
选址	经常发生水灾旱灾，透水性含水层，适当深度的地下水位
补给方法	有渗透土壤和封闭区域的地表法（盆地、池塘等）或其他区域的地下法（井）
设计	有一些简单且低成本的技术可用于对水源进行充分预处理，并且易于管理
运行频率	旨在储存超额流量，运行时间不定
操作和维护	与当地社区合作

以上提出了一系列印度洪水资源化方案，方案各不相同，规模从大型水库到湿地池塘，影响从地方到大区域，资金需求从少量到数十亿卢比不等。每个方案都有一些优点、局限性和要求。在一个特定的地方，一个方案是否合适取决于问题的程度和规模、可行性（水文、工程、环境、金融和政治）以及社会的偏好。在所有保护洪水和改善国家用水安全的方案中，长距离调水如果实施和管理得当可以为国家范围内的水安全作出巨大贡献。

参考文献

[1] 范世香，程银才，高雁. 洪水设计与防治[M]. 北京：化学工业出版社，2008.

[2] 保罗·萨怡. 洪水风险管理：防洪基础设施规划、设计与管理[M]. 北京：中国水利水电出版社，2017.

[3] 李继业，林洪孝，范世香. 洪水设计与防洪减灾[M]. 北京：化学工业出版社，2013.

[4] 许有鹏. 流域城市化与洪涝风险[M]. 南京：东南大学出版社，2012.

[5] 姜树海，范子武，吴时强. 洪灾风险评估和防洪安全决策[M]. 北京：中国水利水电出版社，2005.

[6] 闫成璞，刘群义，刘森，等. 洪水的控制、管理与经营——以大庆地区为例[M]. 北京：中国水利水电出版社，2016.

[7] 黄廷林，马学尼. 水文学（第五版）[M]. 北京：中国建筑工业出版社，2014.

[8] 伊学农. 城市防洪规划设计与管理[M]. 北京：化学工业出版社，2014.

[9] 杨维，张戈，张平. 水文学与水文地质学[M]. 北京：机械工业出版社，2008.

[10] 许健民，杨军，张志清，等. 我国气象卫星的发展与应用[J]. 气象，2010，36（7）：94-100.

[11] 林春英，王黎俊，金惠瑛，等. 浅谈利用卫星云图资料估计降水的方法[J]. 青海气象，2015（1）：31-33.

[12] 邱大洪. 工程水文学[M]. 北京：中国交通书城出版社，2014.

[13] 梅超，刘家宏，王浩，等. 城市设计暴雨研究综述[J]. 科学通报，2017，62（33）：3873-3884.

[14] 芮孝芳，蒋成煜，陈清锦. 论城市排水防涝工程水文问题[J]. 水利水电科技进展，2015(35)：42-48.

[15] 姚家骁，马玮. 城市水文资料收集研究[J]. 中国水运（下半月），2012，12（6）：175-177.

[16] 田雨，雷晓辉，蒋云钟，等. 洪水预报实时校正技术研究综述[J]. 人民黄河，2011，33（3）：25-26.

[17] 邓爱丽，庞清江，鹿新高，等. 3S 技术在我国洪水预报中的应用[J]. 水利经济，2010，28（4）：45-48.

[18] 朱国洪. GIS 在洪水预警报系统中的应用[J]. 水利信息化，2006（3）：17-19.

[19] 侯婷娟. GIS 技术在洪水预报中的应用[J]. 大科技，2016（16）：100.

[20] 程晓陶. 关于洪水管理基本理念的探讨[J]. 中国水利水电科学研究院报，2004（1）：36-43.

[21] 韩克明. 洪水资源利用模式及风险效益评估[D]. 天津：天津大学，2009.

[22] 李继清，张玉山，王丽萍，等. 洪水资源化及其风险管理浅析[J]. 人民长江，2005（1）：36-37.

[23] 吕素冰. 水资源利用的效益分析及结构演化研究[D]. 大连：大连理工大学，2012.

[24] 赵银军，丁爱中，潘成忠，等. 河流功能区划理论与实例[J]. 科技导报，2013，31（16）：60-64.

[25] 姜付仁，程晓掏，向立云，等. 美国 20 世纪洪水损失分析及中美 90 年代比较研究[J]. 水科学进展，2003，14（3）：384-388.

[26] 钟石鸣. 发达国家洪水保险制度与中国洪水保险模式[J]. 人民珠江，2010，31（6）：136-139.

[27] 姜彤，王润. 德国洪水管理战略指南评述[J]. 人民长江，2000（3）：45-47.

[28] 李原园，郦建强，石海峰，等. 中国防洪若干重大问题的思考[J]. 水科学进展，2010，21（4）：490-495.

[29] 鞠美庭，王艳霞，孟伟庆，等. 湿地生态系统的保护与评估[M]. 北京：化学工业出版社，2009.

[30] Jiang M，Lu X G，Xu L S，et al. Flood mitigation benefit of wetland soil-a case study in momoge national nature reserve in china[J]. Ecological Economics，2007，61（2-3）：217-223.

[31] 邝奕轩. 湖泊湿地保护的经济学分析[J]. 中国农学通报，2014，30（14）：231-234.

[32] 程先，戴梦琴，郝丹丹. 区域洪涝灾害风险评价研究进展[J]. 安徽师范大学学报（自然科学版），2015，38（1）：74-79.

[33] 李娜，刘树坤. GIS 技术在洪水风险管理系统开发中的应用[C]//中国水利学会.中国水利学会 2003 学术年会论文集.水利部防洪抗旱减灾工程技术研究中心；水利部防洪抗旱减灾工程技术研究中心，2003：6.

[34] Jenkins K，Surminski S，Hall J，et al. Assessing surface water flood risk and management strategies under future climate change：Insights from an Agent-Based Model[J]. Science of the

Total Environment，2017，595：159-168.

[35] 水文基本术语和符号标准：GB/T 50095—2014[S]. 2014.

[36] 降水量观测规范：SL21—2015[S]. 2015.

[37] 杨庆. 基于多源观测数据的洪水事件识别监测及灾害损失预测研究[D]. 南宁：广西大学，2021.

[38] 姜宝法，丁国永，刘雪娜. 暴雨洪涝与人类健康关系的研究进展[J]. 山东大学学报（医学版），2018，56（8）：21-28，36.

[39] 李浩庭，王欣，桂婧，等. 洪涝灾害早中期疾病发生情况的 Meta 分析[J]. 武警医学，2021，32（10）：889-894.

[40] 王红星，季山. 北京“7·21”暴雨洪水后的防灾减灾分析[J]. 黑龙江大学工程学报，2013，4（2）：23-26.

[41] 中华人民共和国水利部. 中国水旱灾害防御公报 2019[R]. 2020，22-27.

[42] 中国水旱灾害防御公报编写组. 《中国水旱灾害防御公报 2021》概要[J]. 中国防汛抗旱，2022，32（9）：38-45.

[43] 中国水旱灾害防御公报编写组. 《中国水旱灾害防御公报 2020》概要[J]. 中国防汛抗旱，2021，31（11）：26-32.

[44] 石清泉，罗兆麟，张润琦. 洪水灾害是珠江中下游的心腹之患——1991 年淮河、太湖水灾的启示[J]. 人民珠江，1992（3）：2-7.

[45] 郭迎堂. 从《清史稿》看清代淮河流域的水灾——兼述 1991 年淮河水灾的历史原因[J]. 灾害学，1992（1）：61-66.

[46] 华经情报网. 2020 年中国钩端螺旋体病发病数量、死亡人数及防治措施[EB/OL].（2020-10-23）. [2022-12-25]. https：//baijiahao.baidu.com/s？id=1681320313048238192&wfr=spider&for=pc.

[47] 聂广. 《中华疫病学源流》札记（36）：曾经的“流行性出血热”[EB/OL].（2020-07-17）. [2022-12-25]. https：//blog.sciencenet.cn/blog-279293-1242434.html.

[48] 杨俊岭. 2002—2010 年我国血吸虫病疫情变化分析[EB/OL].（2016-01-15）. [2022-12-25]. https：//news.cmt.com.cn/detail/1083839.html.

[49] Parker D J，Green C H，Thompson P M. Urban flood protection benefits：A project appraisal guide[J]. Gower Technical Press：Aldershot，UK，1987.

[50] Rose A. Economic principles, issues, and research priorities in hazard loss estimation[M]// Modeling spatial and economic impacts of disasters. Berlin, Heidelberg: Springer Berlin Heidelberg, 2004: 13-36.

[51] 李宁，张正涛，陈曦，等. 论自然灾害经济损失评估研究的重要性[J]. 地理科学进展，2017，36（2）：256-263.

[52] 于晶晶，许田柱. 2016 年长江流域洪涝灾情探析[J]. 人民长江，2017，48（4）：78-80.

[53] 张世清. 洪涝灾害对血吸虫病传播影响的研究[D]. 上海：复旦大学，2002.

[54] 张世清. 洪涝灾害与血吸虫病预防控制[J]. 热带病与寄生虫学，2008（3）：177-180.

[55] 方天起. 湖北省 1983 年血吸虫病急性感染情况调查[J]. 中华预防医学杂志，1985，19（4）：255-256.

[56] 葛继华，张世清，汪天平，等. 1998 年特大洪水对安徽省血吸虫病流行的影响[J]. 热带病与寄生虫学，2004，2（3）：131-134.

[57] 周祖木，魏承毓. 自然灾害对疟疾的影响研究进展[J]. 中国媒介生物学及控制杂志，2010，21（3）：280-282.

[58] 周价，黄昕，何华先，等. 洪灾区钩端螺旋体宿主动物及健康人群感染情况的流行病学研究[J]. 中南大学学报（医学版），2009，3（42）：99-103.

[59] 陈伟，曾光，梅家模. 1998 年洪灾对江西省传染病流行的影响[J]. 华南预防医学，2004（6）：34-37.

[60] 冷栋，才莉莉. 国内外防洪措施的探讨[J]. 黑龙江水利科技，2020，48（6）：41-43.

[61] 水利家园. 水利工程防洪措施总结[J]. 中国水能及电气化，2020（11）：69-70.

[62] 世界气象组织. 洪水预报预警手册[M]. 北京：中国水利水电出版社，2016.

[63] 苏德慧，赵杨，毛叶丰，等. 基于高精度 DEM 的城市洪水风险图编制应用案例分析[J]. 中国防汛抗旱，2023，33（2）：40-45.

[64] 孙艳. 洪水保险制度的国际模式、运行绩效及其启示[J]. 世界农业，2017（12）：112-117.

[65] 朱绛. 美国的洪泛平原管理[J]. 灾害学，2002（4）：84-87.

[66] 洪水风险分析方法[EB/OL]. [2022-12-25]. https：//wenku.baidu.com/view/f6b85f4f2e3f5727a5e96294?aggId=f9c19119ba0d6c85ec3a87c24028915f804d84a8&fr=catalogMain&_wkts_=1672160368408.

[67] 罗全胜. 治河防洪[M]. 郑州：黄河水利出版社，2004.

[68] 秦玥佳. 河道建设中生态水利工程设计的应用分析[J]. 四川建材，2022，48（6）：214-215.
[69] 杨开明，周书葵，等. 给水排水管网[M]. 北京：化学工业出版社，2013.
[70] 杜守建. 水库运行管理[M]. 北京：中国水利水电出版社，2018.
[71] 中国政府网. 2013 年洪涝灾害损失总体偏轻　东北四川广东较重[EB/OL].（2014-01-09）. [2022-12-06]. http：//www.gov.cn/jrzg/2014-01/09/content_2563355.htm.
[72] 国家减灾中心. 2018 年重大自然灾害事件盘点[EB/OL].（2019-01-10）. [2022-12-25]. https：//baijiahao.baidu.com/s？id=1622267926142770410&wfr=spider&for=pc.
[73] 澎湃新闻. 回眸：2019 年我国多省洪涝灾害严重[EB/OL].（2020-05-11）. [2022-12-25]. https：//m.thepaper.cn/baijiahao_7354437.
[74] 人民网. “水城”威尼斯遇水灾恐损失惨重　圣马可广场被淹[EB/OL].（2019-11-14）. [2022-12-25]. https：//baijiahao.baidu.com/s？id=1650142442001879763&wfr=spider&for=pc.
[75] 正北方网. 洪水三度袭击“水城”威尼斯　损失或达 10 亿欧元[EB/OL].（2019-11-18）. [2022-12-25]. https：//baijiahao.baidu.com/s？id=1650506469692452102&wfr=spider&for=pc.
[76] 中国新闻网. 重庆遭历史罕见大洪水：紧急避险 25 万人　损失逾 24 亿元　零死亡[EB/OL].（2020-08-21）. [2022-12-22]. https：//baijiahao.baidu.com/s？id=1675634572997244696&wfr=spider&for=pc.
[77] 海外网. 德国“世纪洪水”灾后重建工作进展缓慢　受灾居民抗议示威[EB/OL].（2022-07-03）. [2022-12-22]. https：//baijiahao.baidu.com/s？id=1737276723074142314&wfr= spider&for=pc.
[78] 全国科学技术名词审定委员会. 大气科学名词[J]. 中国科技术语，2009，11（2）：16-18.
[79] 陶涛，信昆仑，颜合想. 水文学与水文水质[M]. 上海：同济大学出版社，2017.
[80] 上海市住房和城乡建设管理委员会. GB 50014—2021 室外排水设计标准[S]. 2021.
[81] 慕时荣. 暴雨强度公式推求研究——以陕西省吴堡县为例[D]. 西安：长安大学，2016.
[82] 北京市市政工程设计研究总院. 给水排水设计手册（第 5 册）——城市排水（第二版）[M]. 北京：中国建筑工业出版社，2004.
[83] 张子贤. 用高斯-牛顿法确定暴雨公式参数[J]. 河海大学学报（自然科学版），1995，21（5）：106-111.
[84] 杨兴. 华南强降雨地区中小流域设计暴雨洪水参数计算与综合[D]. 淮南：安徽理工大学，2020.
[85] 水利部长江水利委员会水文局. 水利水电工程设计洪水计算规范[S]. 中华人民共和国水利部，2006.

[86] 陈彬洲. 镇安县县河设计洪水计算方法比选及成果合理性评价探析[J]. 地下水，2020，42（6）：217-219.

[87] 姜姗姗，郑永路. 无实测资料地区设计洪水计算分析——以隰县昕水河流域为例[J]. 水利水电工程设计，2022，41（1）：17-19.

[88] 郭爱军，杨笛，王义民，等. 设计洪水不确定性下的水库防洪风险调度研究[J]. 工程科学与技术，2023，55（2）：222-231.

[89] 杜松原，谢飞，肖燕，等. 3S 技术在水利工程测量中的应用[J]. 产业科技创新，2022，4（3）：93-95.

[90] 翟晓燕，郭良，张永勇，等. 考虑多准则似然函数的洪水模拟不确定性评估[J]. 武汉大学学报（工学版），2021，54（1）：38-45.

[91] 胡康. 基于贝叶斯方法的实时洪水预报系统研究与实现[D]. 武汉：武汉大学，2017.

[92] 高眯眯，张永彬. 基于 GIS 的溃坝洪水模拟[J]. 华北理工大学学报（自然科学版），2021，43（4）：141-148.

[93] 王超. 高明河无资料小流域洪水预警预报方法探讨[J]. 广东水利水电，2019（5）：38-41.

[94] 宋天宇. 基于长短时记忆网络的山丘区洪水预报研究[D]. 大连：大连理工大学，2020.

[95] 李紫妍，刘登峰，黄强，等. 定量评估参数不确定性传递对径流模拟的影响[J]. 水力发电学报，2019，38（3）：53-64.

[96] Li J，Yuan D X，Jiang Y J，et al. Elaborate simulations of floods in a karst trough valley basin with the simplified Karst-Liuxihe model[J]. Journal of Hydrology，2022，614：128504.

[97] 岳斌. 渭河典型支流分布式暴雨洪水预警预报技术研究[R]. 甘肃省水文水资源局，2021-02-05.

[98] 张倩. 考虑降雨不确定性的洪水预报预警方法研究与应用[D]. 大连：大连理工大学，2018.

[99] Huang H C，Liao W H，Lei X H，et al. An urban DEM reconstruction method based on multisource data fusion for urban pluvial flooding simulation[J]. Journal of Hydrology，2022，617：128825.

[100] 陶自成，高仕春，何彦舫.关于洪水资源化现状、思考及展望[C]//水与社会经济发展的相互影响及作用——全国第三届水问题研究学术研讨会论文集. 山东省水利水电勘测设计院，2005：364-370.

[101] 叶志聪，陈轶. 英国近现代洪水风险管理体系发展历程及启示[C]//面向高质量发展的空间

治理——2020 中国城市规划年会论文集（01 城市安全与防灾规划）. 南京工业大学，2019：528-536.

[102] Ortuño A，Casares J，Calero P，et al. A socio-economic and environmental analysis of the implementation of sustainable urban drainage systems in Vega Baja—Alicante（Spain）[J]. Water，2022，14（6）：902.

[103] Lashford C，Lavers T，Reaney S，et al. Sustainable catchment-wide flood Management：A review of the terminology and application of sustainable catchment flood management techniques in the UK[J]. Water，2022，14（8）：1204.

[104] Yumagulova L，Vertinsky I. Moving beyond engineering supremacy：knowledge systems for urban resilience in Canada's Metro Vancouver region[J]. Environmental Science & Policy，2019，100：66-73.

[105] Huong T T L，Van Anh D T，Dat T T，et al. Disaster risk management system in Vietnam：progress and challenges[J]. Heliyon，2022，8（10）：e10701.

[106] Gayen S，Villalta I V，Haque S M. Flood risk assessment and its mapping in Purba Medinipur District，West Bengal，India[J]. Water，2022，14：1049.

[107] Chan F K S，Yang L E，Mitchell G，et al. Comparison of sustainable flood risk management by four countries - the United Kingdom，the Netherlands，the United States，and Japan-and the implications for Asian coastal megacities[J]. Natural Hazards and Earth System Sciences，2021，22：2567-2588.

[108] 张捷. 疏勒河流域水库防洪工作存在的问题及洪水资源化的对策[J]. 农业科技与信息，2019（21）：113-114.

[109] 张强. 我国水治理现状分析、规律认识及对策建议[J]. 国家治理，2021（37）：11-16.

[110] 牟宇. 辽宁省洪涝灾害特征成因及防洪减灾措施探究[J]. 地下水，2022，44（1）：241-242，290.

[111] 王思思，王昊玥. 国际城市及遗产地洪水风险管理的启示[J].人民黄河，2020，42（5）：40-46.

[112] 向立云. 洪水风险图编制与应用概述[J]. 中国水利，2017（5）：9-13.

[113] 毛德华，何梓霖，贺新光，等. 洪灾风险分析的国内外研究现状与展望（Ⅰ）——洪水危害风险分析研究现状[J]. 自然灾害学报，2009，18（1）：139-149.

[114] 闻珺. 洪水灾害风险分析与评价研究[D]. 南京：河海大学，2007.

[115] 胡和平，尚松浩，雷志栋，等. 论抵御'98 洪水与洪水风险管理[J]. 水利水电技术，1999（5）：3-5.

[116] Wyns A. Disaster diplomacy in the wake of the 2022 Pakistan floods[J]. The Lancet Planetary Health，2022，6（11）：e855-e856.

[117] Sunohara D，Miura T，Komatsu T，et al. Relationship between the flood disaster caused by the Reiwa first year east Japan typhoon and cardiovascular and cerebrovascular events in Nagano City：The SAVE trial[J]. Journal of Cardiology，2021，78（5）：447-455.

[118] Shah S M H，Mustaffa Z，Teo F Y，et. al. A review of the flood hazard and risk management in the South Asian region，particularly Pakistan[J]. Scientific African，2020，10：e00651.

[119] Togami E，Kama M，Goarant C，et al. A large leptospirosis outbreak following successive severe floods in Fiji，2012[J]. The American Journal of Tropical Medicine and Hygiene，2018，99（4）：849.

[120] Long N V，Le T D N，Nguyen H，et al. From a Hard to Soft Approach for Flood Management in the Vietnamese Mekong Delta：Integrating Ecological Engineering for Urban Sustainability in My Tho City[J]. Water，2022，14（7）：1079.

[121] 刘发欣，程文，刘昕，等. 海绵城市建设中低影响开发的应用及研究进展[J].净水技术，2022，41（9）：18-25，34.

[122] 王佳鹏，雒毅轩，朱涛，等. 海绵城市和低影响开发的应用研究[J].住宅与房地产，2020，35：193-194.

[123] Farooq Q U，Alluqmani A E. Application of soil based low impact development system for Flash Flood management of Jeddah，Saudi Arabia[J]. Journal of King Saud University-Engineering Sciences，2021.

[124] Sui X X，van de Ven F H M. The influence of low impact development（LID）on basin runoff in a half-urbanized catchment：a case study in San Antonio，Texas[J]. Journal of Hydrology，2023，616：128793.

[125] Adnan M S G，Talchabhadel R，Nakagawa H，et al. The potential of tidal river management for flood alleviation in south western Bangladesh[J]. Science of the Total Environment，2020，731：138747.

[126] 李玉莲. 海绵城市土地利用对地表径流的影响研究[D]. 杭州：浙江工业大学，2020.

[127] 毕朝晖. 基于 SWMM 模型城市小区 LID 措施的雨洪控制效果模拟[D]. 北京：北京林业大

学，2020.

[128] Mel R A，Viero D P，Carniello L，et al. Optimal floodgate operation for river flood management：The case study of Padova（Italy）[J]. Journal of Hydrology：Regional Studies，2020，30：100702.

[129] Jain S K. Providing water security in India by conserving and utilizing flood flows[J]. Water Security，2021，14：100105.